螺旋槽机械密封稳态性能解析法分析

宋鹏云 著

科学出版社
北京

内 容 简 介

本书是一本关于机械密封领域的专著。全书以螺旋槽机械密封的性能分析为主线，用近似解析法分析了密封端面间流体膜的稳态性能，包括液体润滑螺旋槽机械密封和气体润滑螺旋槽机械密封(干气密封)。全书共分 5 章，第 1 章主要介绍螺旋槽机械密封的基本概念、近似解析法的发展历程及研究现状；第 2 章介绍螺旋槽机械密封端面间流体膜稳态性能分析的近似解析方法；第 3 章介绍液体润滑螺旋槽机械密封；第 4 章介绍气体润滑螺旋槽机械密封；第 5 章介绍实际气体效应对螺旋槽干气密封性能的影响。

本书可作为机械工程、动力工程及工程热物理等专业研究生和高年级本科生学习的参考资料，也可供从事机械密封研究、设计、制造和应用的工程技术人员参考。

图书在版编目(CIP)数据

螺旋槽机械密封稳态性能解析法分析 / 宋鹏云著. —科学出版社，2023.4

ISBN 978-7-03-074986-4

Ⅰ. ①螺…　Ⅱ. ①宋…　Ⅲ. ①机械密封-研究　Ⅳ. ①TH136

中国国家版本馆 CIP 数据核字（2023）第 035962 号

责任编辑：叶苏苏 / 责任校对：彭　映

责任印制：罗　科 / 封面设计：义和文创

科学出版社出版

北京东黄城根北街16 号

邮政编码：100717

http://www.sciencep.com

成都锦瑞印刷有限责任公司印刷

科学出版社发行　各地新华书店经销

*

2023 年 4 月第　一　版　开本：B5（720×1000）

2023 年 4 月第一次印刷　印张：8 1/4

字数：171 000

定价：139.00 元

（如有印装质量问题，我社负责调换）

前　言

螺旋槽机械密封是应用非常广泛的流体动压型机械密封，包括液体润滑螺旋槽机械密封和气体润滑螺旋槽机械密封(干气密封)。它起源于螺旋槽轴承。对螺旋槽机械密封的研究方法总体上可分为近似解析法、数值分析法和实验方法。

解析法可以直接揭示模型的物理本质，是研究螺旋槽机械密封流体膜特性的一种重要方法，并可为数值分析方法提供比较的基础，为实验研究方法提供理论指导。

在本书作者1999年完成的博士论文中，基于Muijderman的螺旋槽轴承理论，将其应用于液体润滑螺旋槽机械密封，提出了“零压差零泄漏”模型。作者博士研究生毕业后开展的研究工作是将其拓展到气体润滑螺旋槽机械密封(干气密封)，并考虑滑移流效应、实际气体效应等因素的影响。本书第2章和第3章的大部分内容基于作者的博士论文，但对公式、数据、图形等进行了复核、复算和重新表达。本书第4章和第5章基于近似解析法分析了气体润滑螺旋槽机械密封(干气密封)的性能。

本书可作为机械工程、动力工程及工程热物理等专业研究生和高年级本科生学习的参考资料，也可供从事机械密封研究、设计、制造和应用的工程技术人员参考。本书的主要研究成果已在国内外期刊或会议上发表。

本书的出版得到了许多单位和个人的帮助。感谢国家自然科学基金项目(10962003、51465026)、云南省自然科学基金项目(2003E0022M)、高等学校博士学科点专项科研基金项目(97061015)对本书相关研究的资助。

本书的部分内容源于作者的博士论文，特别感谢作者的博士生导师陈匡民教授。

作者指导的博士研究生许恒杰、毛文元、邓强国、孙雪剑和陈维，硕士研究生赵越、胡晓鹏、张轩、马方波、张帅、李英、产文、马爱琳、邓成香、邹伟、陈果、范瑜、付朝波、李支勇等，对本书的出版做出了重要贡献。在成书过程中，许恒杰博士做了大量的文字处理、数据校对、图形绘制等工作，付出了辛勤劳动。

目前对螺旋槽机械密封已有很多深入的研究，涉及很多方面。本书仅介绍了作者的一些工作，这些工作可能存在不足，恳请专家和读者批评指正。

宋鹏云

2022年9月

目　录

第1章 绪　论

1.1 螺旋槽机械密封

螺旋槽机械密封是指密封端面加工有螺旋槽的机械密封，包括液体润滑螺旋槽机械密封、气体润滑螺旋槽机械密封和气液两相润滑的螺旋槽机械密封。气液两相润滑的螺旋槽机械密封目前尚不成熟。

1.1.1 液体润滑螺旋槽机械密封

液体润滑机械密封一般指全液膜润滑非接触机械密封，也称为液膜机械密封。该类机械密封涉及液膜的空化问题，即气液两相问题，但一般不认为是气液两相机械密封。液膜机械密封包括液体动压式、液体静压式和液体动静压混合式，其中以液体动压式机械密封最为常见。具体有上游泵送机械密封、下游泵送机械密封等多种形式。流体在端面间的“泵送”可以通过多种方式实现，其中以螺旋槽的应用最为广泛。

1. 上游泵送机械密封

上游泵送机械密封是普通机械密封的端面被一具有低流量、高扬程(压力)的“端面泵”所代替，该“泵”把少量的低压缓冲流体(buffer liquid)沿密封端面输送到高压密封腔，从而实现从低压侧(下游)向高压侧(上游)的泵送。该密封端面的“泵送”效应可通过在端面开各种流体动压槽来实现，其中最常见的就是螺旋槽。

一种典型的螺旋槽上游泵送机械密封见图 1-1，其螺旋槽端面结构见图 1-2。该螺旋槽上游泵送机械密封由一内装式机械密封和装于外端的唇型密封组成。机械密封端面加工有螺旋槽，将低压缓冲隔离液体从密封压盖空腔泵送入高压腔泵。唇型密封作为缓冲隔离流体的屏障，将缓冲隔离流体限制在密封压盖腔内。

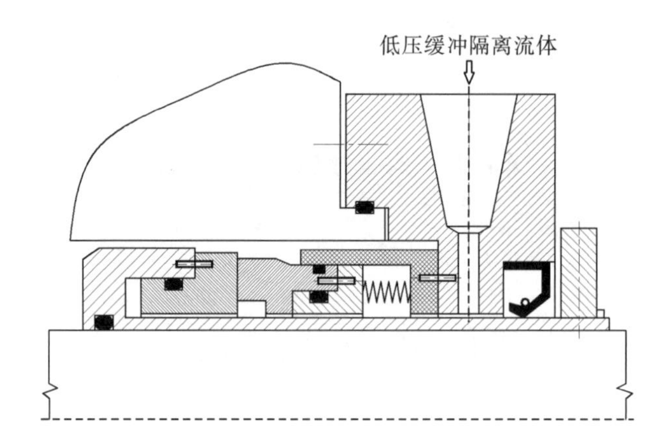

图 1-1　上游泵送机械密封

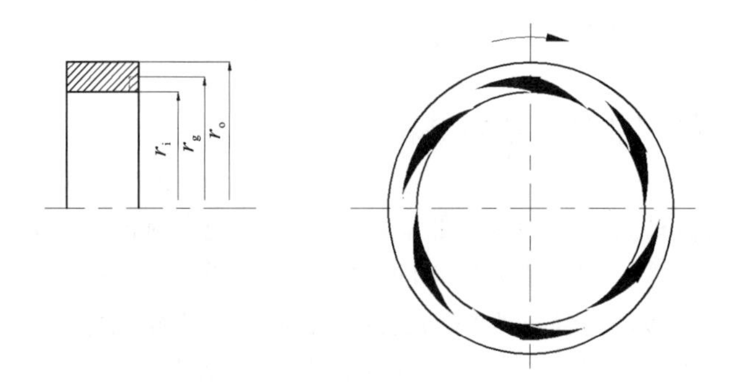

图 1-2　上游泵送机械密封的螺旋槽端面

2. 下游泵送机械密封

下游泵送机械密封是指从高压侧(上游)向低压侧(下游)泵送的机械密封。对于如图 1-2 所示的上游泵送机械密封端面来说，如果内径(r_i)处隔离流体的压力 p_i 高于密封腔压力 p_o，那么在同一旋转方向下，流体从高压侧(上游)被泵送到低压侧(下游)，实际上是下游泵送机械密封，而不是上游泵送机械密封。其端面螺旋槽的作用和密封环两侧压差的作用均使流体从高压侧(上游)流向低压侧(下游)。

下游泵送机械密封一般可作为泵入式(流体向轴心方向流动)结构使用，如图 1-3 所示。密封环的外径处为被密封的高压流体，内径处为低压流体或外界环境。螺旋槽开在密封端面的外侧，与高压流体相接触。密封坝在内侧。液体在外侧高压力及螺旋槽的共同作用下向内侧流动，从而实现从高压侧(上游)向低压侧(下游)的泵送。如果没有螺旋槽等流体动压槽结构，那么就是普通的内流式机械密封结构。与普通机械密封和上游泵送机械密封相比，下游泵送机械密封具有较大的端面开启力和液膜刚度，但泄漏率也较大。

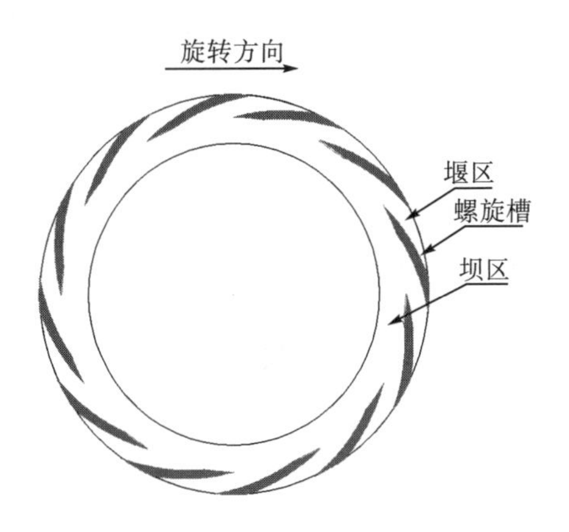

图 1-3　下游泵送机械密封的端面结构

此外，尚有由正反向螺旋槽组合而成的上下游泵送混合式机械密封，即密封端面同时具备上游泵送螺旋槽和下游泵送螺旋槽结构，可以是总体上游泵送机械密封或总体下游泵送机械密封。总体上游泵送机械密封是指密封总体是上游泵送的，即起上游泵送作用的螺旋槽为主螺旋槽(较长)，总体作用使流体实现上游泵送功能，可归类为上游泵送机械密封；起下游泵送作用的副螺旋槽较短，主要起改善压力分布、提高液膜刚度的作用。相反，总体下游泵送机械密封是指密封总体是下游泵送的，即起下游泵送作用的螺旋槽为主螺旋槽(较长)，总体作用使流体实现下游泵送，可归类为下游泵送机械密封；起上游泵送作用的副螺旋槽较短，主要起改善压力分布、提高液膜刚度的作用。

1.1.2　气体润滑螺旋槽机械密封(干气密封)

气体润滑机械密封一般指密封端面依靠气体实现非接触的机械密封，也称为气膜机械密封，包括流体动压式气体润滑机械密封、流体静压式气体润滑机械密封和流体动静压混合式机械密封。这类气体润滑机械密封也通称为“干气密封”(dry gas seal)。“干气”意指要求润滑气体 “干燥(dry)”，不会发生液体析出。同时，也有“干净”的意思，即要求润滑气体不含固体颗粒。

螺旋槽干气密封也可分为泵入式螺旋槽干气密封和泵出式螺旋槽干气密封。

1. 泵入式螺旋槽干气密封

气体润滑机械密封即干气密封，一般采用密封端面外径侧高压(简称外高压)的泵入式结构。外高压单端面干气密封的典型结构如图 1-4 所示，包含静环、动环组件(旋转环)、辅助密封 O 形圈、弹簧和弹簧座(腔体)等零部件。静环位于不锈钢弹簧座内，用辅助密封 O 形圈密封。弹簧在密封无负荷状态下使得静环与动环相贴合。而动环固定在转子上随轴一起旋转。

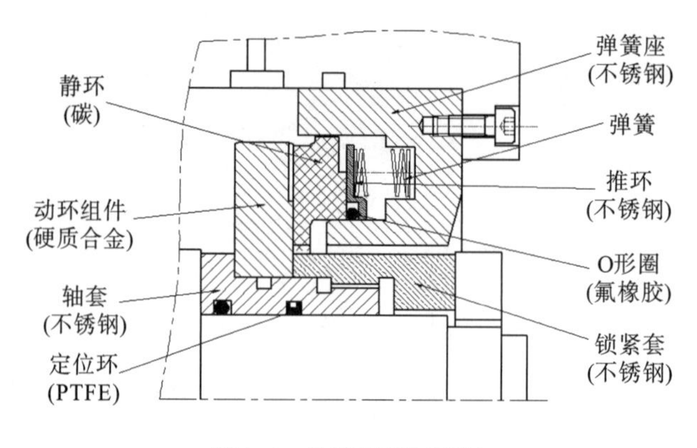

图 1-4　单端面干气密封

在动环表面上加工有一系列的螺旋槽，如图 1-5 所示。不过螺旋槽也可以加工在静环上，但一般加工在旋转环(动环)上，并使用硬质材料，如碳化硅陶瓷或碳化钨硬质合金等。随着转子转动，气体由外泵送到螺旋槽的根部（泵入式结构）。根部以外的一段无槽区称为密封坝。密封坝对气体的流动产生阻碍作用，提高了气膜压力。动、静环间的气膜压力形成了端面开启力，从而使动环表面与静环表面处于非接触状态，其间隙一般为 3～5μm。密封端面间充满流动的气体，形成全气膜润滑状态。当由气体压力和弹簧力产生的密封闭合压力与端面间气膜压力形成的开启压力相等时，便建立了稳定的平衡膜厚。正常情况下，该气膜具有自我稳定的能力，即具有自动调整、维持膜厚不变的能力，此时气膜厚具有正刚度。气膜刚度为单位气膜厚度变化引起的开启力(矩)变化。

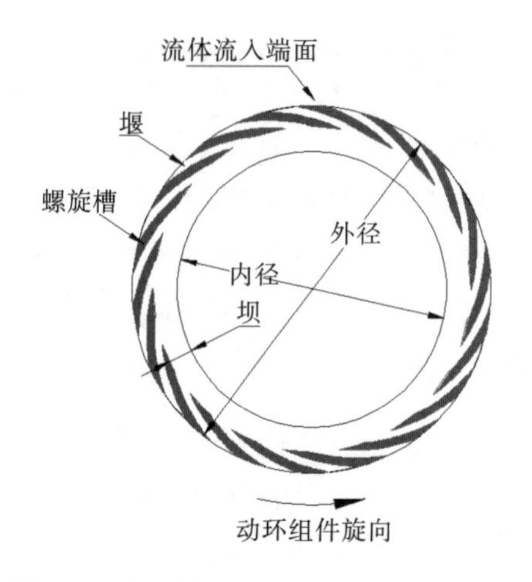

图 1-5　泵入式螺旋槽干气密封的端面结构

2. 泵出式螺旋槽干气密封

泵出式螺旋槽干气密封是指端面的螺旋槽开在端面的内侧(靠近内径)，密封坝在端面的外侧(靠近外径)，气体从密封端面的内侧(内径处)向外侧(外径处)泵出的干气密封，如图 1-6 所示。其结构与液体润滑的上游泵送机械密封类似。但是，泵出式干气密封主要用在泵等设备上，以实现气体对液体的密封。此时，被密封的液体仍在密封环外侧，但密封环内侧是带压气体且气体压力比液体压力高，这时少量的密封气体会进入被密封的液体介质。泵出式干气密封的密封端面是纯气体润滑，属于干气密封。密封气体从高压气体侧向低压液体侧流动，属于向下游泵送气体，本质上属于下游泵送机械密封。

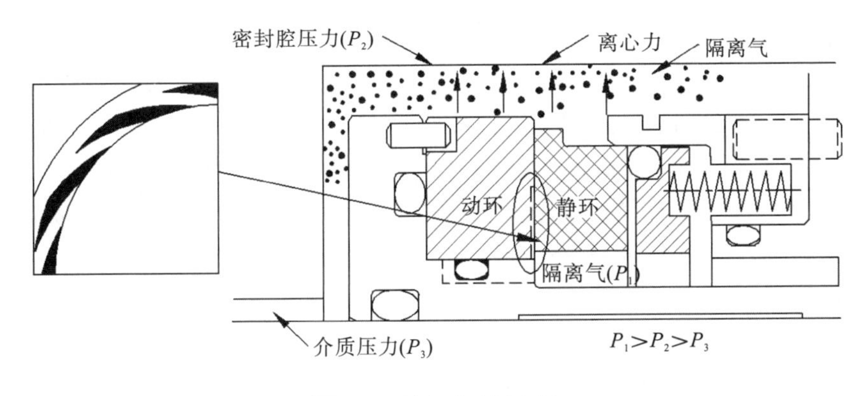

图 1-6 泵出式干气密封

1.2 螺旋槽机械密封端面流体膜性能分析——近似解析法的研究进展

解析法可以直接揭示模型的物理本质，是研究机械密封端面间流体膜特性的一种重要方法。螺旋槽机械密封的近似解析法最初起源于螺旋槽轴承理论。1951 年，Whipple[1]把止推轴承设想为两个平行面，其中一个平面上开有一系列等间距分布的直槽，槽与运动方向呈一定倾角，忽略槽底位置流体的复杂流动，通过质量守恒定律推导了间隙内流体的压力微分方程。虽然该理论认为流体局部上不可压缩，但是能够在整体上求解可压缩流体的压力分布。随后，Vohr 和 Pan[2]对 Whipple(惠普尔)的窄槽理论开展了深入研究，推导了适用于非平行平面且直槽间不平行时间隙内流体的压力微分控制方程，该方程考虑了可压缩的情况，适用于可压缩气体润滑轴承。1966 年，Muijderman[3]在 Whipple 窄槽理论的基础上建立了不可压缩流体、可压缩流体的螺旋槽止推轴承端面间的压力分布控制方程，出版了《螺旋槽轴承(Spiral Groove Bearings)》一书，详细阐述了螺旋槽止推轴承两端面间流体压力分布控制方程的推导过程及螺旋槽止推轴承端面摩擦力矩的计算公式，分析了不同因素对螺旋槽止推轴承润滑性能的影响，并且讨论了不同槽型端面间的压力分布、摩擦力矩和泄漏率等。随着螺旋槽机械密封的优良性能逐步被发掘，适用于螺旋槽止推轴承的近似解析研究方法——Muijderman 无限窄槽理论逐渐应用于螺旋槽机械密封领域。

1972 年，Smalley[4]基于窄槽理论给出了适用于径向螺旋槽轴承、端面螺旋槽轴承和球面螺旋槽轴承的一般化方程，但该方程只能利用数值法进行求解，即采用经典窄槽理论和有限差分法相结合的方式求解密封间隙内的压力控制方程，并从中得到泄漏率、刚度、摩擦功耗等性能参数。1973 年，Sneck 和 Mcgovern[5]用近似解析法求解了针对含槽线较窄密封面上的雷诺润滑方程，得到了密封的泄漏率、刚度、摩擦功耗等性能参数，但是由于该方法较复杂且不够严谨，因此并没有得到广泛重视。1974 年，Elord 和 Adams[6]运用渐近展开和匹配的方式，同时考虑槽区和台区呈周期性分布的特点，推导了平均压力下的广义 Whipple 压力微分方程，并且修正了 Muijderman 算法中的边缘环境压力。1979 年，Gabriel[7]对螺旋槽干气密封的基本工作原理及密封性能进行了详细的论述，采用无限窄槽理论全面分析了操作条件对密封性能的影响规律，并且详细阐述了当时常见的典型密封结构及密封环材料。这篇论文在干气密封的发展历程中具有重要意义，并在 1994 年又被重新全文发表[8]，其中所提供的干气密封参数及计算结果一直被干气密封研究工作者奉为经典，至今仍时常作为干气密封算法的验证对象。

随着科学技术的进步，适用于机械密封端面压力求解的研究方法蓬勃发展，但近似解析法因其独有的魅力像沙金一般闪烁着光芒，一直没有被时代发展的浪潮所淘汰。1999 年，作者利用 Muijderman 无限窄槽理论推导了适用于求解螺旋槽上游泵送液膜密封的槽根压力、端面流体膜的压力分布、端面开启力、泄漏率、摩擦功耗及上游泵送速率等的计算表达式[9]，这为螺旋槽上游泵送液膜密封的推广应用提供了一定的理论指导作用。随后，针对高压气体在密封环内侧的泵出型螺旋槽干气密封，作者基于近似解析法探讨了泵出式密封气膜压力的计算方法，并根据密封坝、螺旋槽均等宽的原则[10]，将 Gabriel(加布里埃尔)经典文献中泵入式螺旋槽干气密封结构转化为对应的泵出式结构，并对比研究了两种干气密封的性能变化规律，最后指出同样条件下泵出式螺旋槽干气密封的开启力低于泵入式。2009 年，作者对 Gabriel 经典文献中的端面气膜力数据及计算公式进行了详细研究，并指出了可能存在的问题[11]。

虽然单列螺旋槽结构的动压效果良好，但在主轴反转的情况下将丧失运行稳定性，故在保留螺旋槽结构优势的基础上，王玉明院士发明了一种新型双列螺旋槽机械密封，其长槽位于密封端面外侧，短槽布置于端面内侧，槽的整体结构呈人字状。2009 年，针对新型双列螺旋槽机械密封，王玉明等基于无限窄槽理论推导出了密封端面一维压力分布的表达式[12]，并将解析计算得到的开启力和泄漏率与二维数值计算结果、实验数据进行了对比分析，从而验证了螺旋槽无限窄槽理论的合理性。

2016 年丁雪兴等出版了专著《干气密封动力学》[13]，应用近似解析法求解了非线性偏微分雷诺润滑方程。2016 年，作者等[14]以实际气体状态方程中的维里方程表达了润滑气体的 p-V-T 关系并替代 Muijderman 无限窄槽理论中的润滑介质密度项，同时采用有效黏性系数表征滑移流效应并替代动力黏度项，由此揭示了润滑气体的实际气体效应和滑移流效应对螺旋槽干气密封稳态性能的影响机制。2016 年，Xiao 等给出了分段求解 Muijderman 方程的方法，运用该法可以计算变密度、变膜厚螺旋槽机械密封的性能[15]。针对螺旋槽气膜润滑机械密封(干气密封)，许万军等于 2017 年给出了一种利用 Adomian 分解方法近似求解 Muijderman 方程的方法[16]，2018 年给出了一种显式求解 Muijderman 方程的方法[17]，2019 年，他们将 Muijderman 无限窄槽理论的结果与数值求解雷诺润滑方程的结果进行对比，较全面地验证了 Muijderman 窄槽理论的准确性[18]。他们全面比较并分析了气膜力、泄漏率、气膜刚度和摩擦力矩等典型性能参数，指出当螺旋槽数大于 8 时，Muijderman 窄槽理论的预测结果与有限差分法求解雷诺润滑方程的预测结果基本一致。总体而言，窄槽理论略微高估了气膜力、泄漏量和气膜刚度，但大多数偏差可以进行有效忽略，所以利用窄槽理论对螺旋槽干气密封进行性能预测和参数优化是切实可行的。2021 年，黄伟峰等[19]将 Muijderman 无限窄槽理论与能量方程、固体域变形方程联立，以氦气介质螺旋槽干气密封为研究对象，考虑密封环温度分布、变形与气体性质等因素之间的相互作用关系，探讨了不同转速及槽深对密封性能及其他参数的影响规律。

螺旋槽的无限窄槽理论由于简洁、可进行解析计算，非常适合于优化和多物理场耦合计算，仍具有非常重要的价值。

参 考 文 献

[1] Whipple R T P. Herringbone-Pattern Thrust Bearing [M]. England: Atomic Energy Research Establishment, 1951.

[2] Vohr J H, Pan C H T. On the spiral grooved selfacting gas bearing[R]. [2020-10-10]. https://www.osti.gov/.biblio/4089486. Incorporated, Lathan, N. Y.

[3] Muijderman E A. Spiral Groove Bearings [M]. New York: Springer-Verlag, 1966.

[4] Smalley A J. The narrow groove theory of spiral groove gas bearings: Development and application of a generalized formulation for numerical solution[J]. Transaction of the ASME, Journal of Lubrication of Lubrication Technology, 1972, 94(1): 86-92.

[5] Sneck H J, Mcgovern J F. Analytical investigation of the spiral groove face seal[J]. Journal of Lubrication Technology,

1973, 95(4): 499-510.

[6] Elord H Q, Adams M L. A computer program for cavitations and starvation problems[C]. Cavitations and Related Phenomena in Lubrication. New York: Mechanical Engineering Publications, 1974: 33-41.

[7] Gabriel R P. Fundmentals of spiral groove noncontacting face seals[J]. Lubrication Engineering,1979, 35(7):367-375.

[8] Gabriel R P. Fundmentals of spiral groove noncontacting face seals[J]. Lubrication Engineering, 1994, 50(3): 215-224.

[9] 宋鹏云, 陈匡民, 董宗玉,等. 螺旋槽上游泵送机械密封性能的解析计算[J]. 润滑与密封, 1999, 24(04): 5-7.

[10] 宋鹏云, 丁志浩. 螺旋槽泵出型干气密封端面气膜压力近似解析计算[J]. 润滑与密封, 2011, 36(04): 1-3.

[11] 宋鹏云. 螺旋槽干气密封端面气膜力计算方法讨论[J]. 润滑与密封，2009，34(7)：7-9.

[12] Wang Y, Yang H, Wang J, et al. Theoretical analyses and field applications of gas-film lubricated mechanical face seals with herringbone spiral grooves[J]. Tribology Transactions, 2009, 52(6): 800-806.

[13] 丁雪兴，张伟政，俞树荣. 干气密封动力学[M].北京：机械工业出版社,2016.

[14] 宋鹏云, 张帅, 许恒杰. 同时考虑实际气体效应和滑移流效应螺旋槽干气密封性能分析[J]. 化工学报, 2016, 67(04): 1405-1415.

[15] Xiao K, Huang W, Gao W, et al. A semi-analytical model of spiral groove face seals: Correction and extension [J]. Tribology Transactions,2016, 59(6):971-982.

[16] Xu W, Yang J. An approximate solution of Muijderman's model for performance calculation of spiral grooved gas seal [J]. Journal of Tribology, 2017,139: 051706-1-6.

[17] Xu W, Yang J. Explicit solution of gas film pressure for performance calculation of spiral grooved gas seals [J]. Journal of Mechanical Science and Technology 2018,32 (1):277-282.

[18] Xu W, Yang J. Accuracy analysis of narrow groove theory for spiral grooved gas seals: A comparative study with numerical solution of Reynolds equation[J]. Proceedings of the Institution of Mechanical Engineers, Part J: Journal of Engineering Tribology, 2019, 233(6): 899-910.

[19] 黄伟峰, 王伟达, 刘莹, 等. 氦气介质干气密封热-流固耦合建模及性能分析[J]. 润滑与密封, 2021, 46(2): 1-9.

第 2 章　螺旋槽机械密封端面间流体膜稳态性能分析的近似解析方法

螺旋槽机械密封包括液体润滑机械密封和气体润滑机械密封。端面间完全由液膜润滑的称为液膜润滑机械密封，有时也称为液膜密封。端面间完全由气膜润滑的称为气膜润滑机械密封，也称为干气密封或气膜密封。本书主要讨论螺旋槽流体动压型机械密封端面间流体膜(液膜或气膜)的稳态性能。

2.1　螺旋槽机械密封端面的几何形状

螺旋槽机械密封的一个密封端面上加工有螺旋形浅槽。构成槽的螺旋线既可以是对数螺旋线、阿基米德螺旋线，也可以是圆弧线、二次抛物线、三次抛物线，甚至可以是直线等其他型线。其中，以对数螺旋线槽型产生的流体动压效果最好，应用最为广泛。因此，本书所指的螺旋槽是对数螺旋线槽。图 2-1 中的曲线即为对数螺旋线，在极坐标中的方程为

$$r = r_1 e^{\theta \tan\alpha} \tag{2-1}$$

或

$$\ln r = \ln r_1 + \theta \tan\alpha \tag{2-2}$$

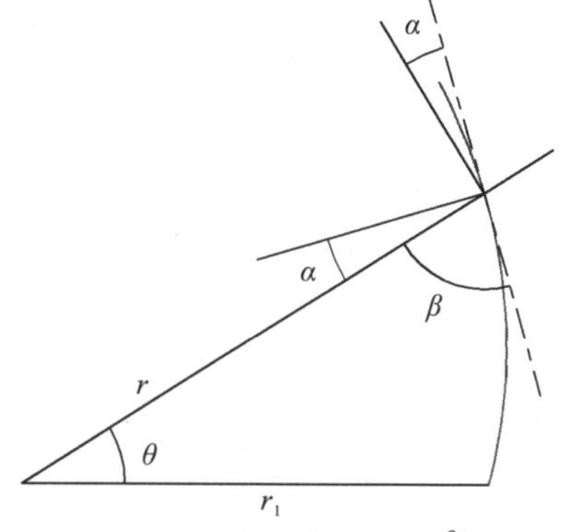

图 2-1　对数螺旋线 ($r = r_1 e^{\theta \tan\alpha}$)

式中，r 为极径；θ 为极角；r_1 为螺旋线的基圆半径；α 为螺旋角，也称为压力角。对数螺旋线上所有点的螺旋角相等，所以对数螺旋线也称为恒压力角螺旋线。

在密封端面上开螺旋槽的方式多种多样，有单排螺旋槽、双排螺旋槽、三排或更多排的螺旋槽，螺旋角的方向可以相同，也可以不同，甚至相反。图 2-2 为一些螺旋槽端面的典型结构。密封端面上有部分不开槽的环形光滑区，称为密封坝。密封坝起到限制流体流动、提高流体压力的作用，同时在停车时起到完全密封介质的作用。

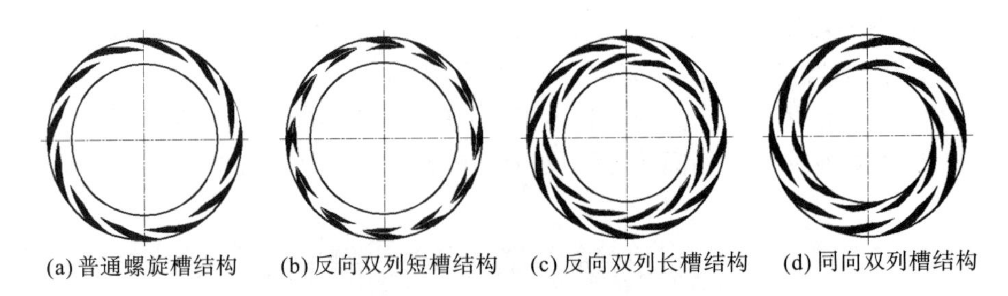

图 2-2　螺旋槽端面的典型结构

2.2　螺旋槽机械密封的基本工作原理

螺旋槽机械密封的基本工作原理与普通机械密封基本相同，只是密封端面由一层完整的液膜或气膜进行润滑，正常工作时两个密封端面处于非接触状态。密封端面间的液膜或气膜具有正刚度，受到干扰后能自动恢复到原来的平衡位置，具有稳定运行的能力。现以泵入式螺旋槽机械密封为例，说明其稳定机制。图 2-3 为泵入式螺旋槽机械密封在稳定运行(力平衡)状态的受力情况。

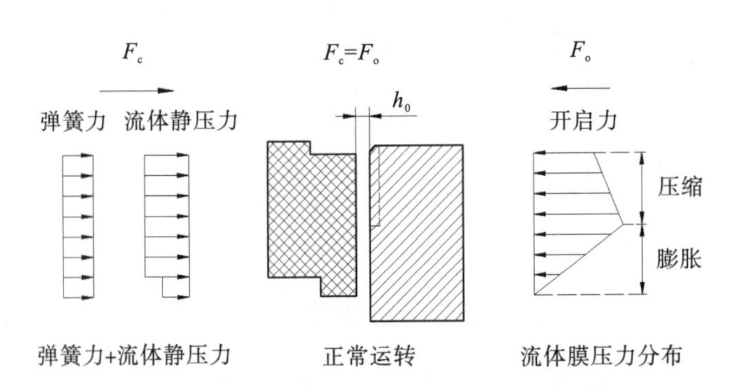

图 2-3　平衡状态下作用在密封环上的力(气膜密封)

密封环闭合力 F_c 是作用在静环背部的流体静压力和弹簧力的总和。开启力 F_o 是端面间流体膜压力作用的总和。在稳定平衡条件下，密封端面的闭合力和开启力相等，即 F_c=F_o。稳定运行时，密封端面间的间隙 h_0 为 3～5μm（气膜密封）。如果受某种干扰使密封端面间隙减小，即 $h<h_0$，那么端面间的流体膜压力就会升高。这时，开启力 F_o 大于闭合力 F_c，端面间隙自动增大，直至恢复到原平衡位置为止，如图 2-4 所示。

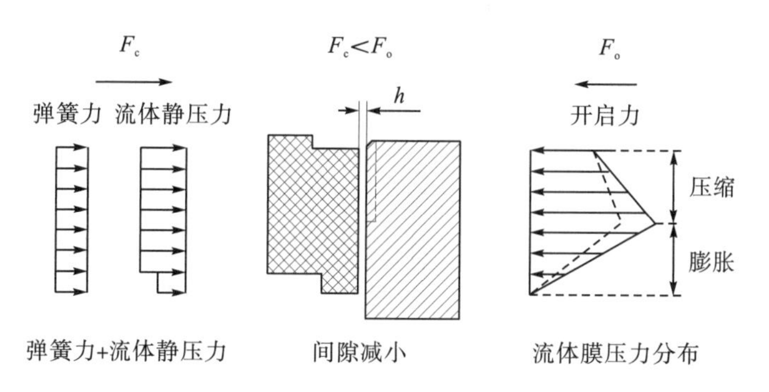

图 2-4　受干扰且密封端面间隙减小时密封的受力变化情况

类似地，如果受到干扰，使密封端面间隙增大，即 $h>h_0$，端面间的流体膜压力就会降低，闭合力 F_c 大于开启力 F_o，密封端面间隙自动减小，密封环会很快恢复到原来的平衡状态，见图 2-5。

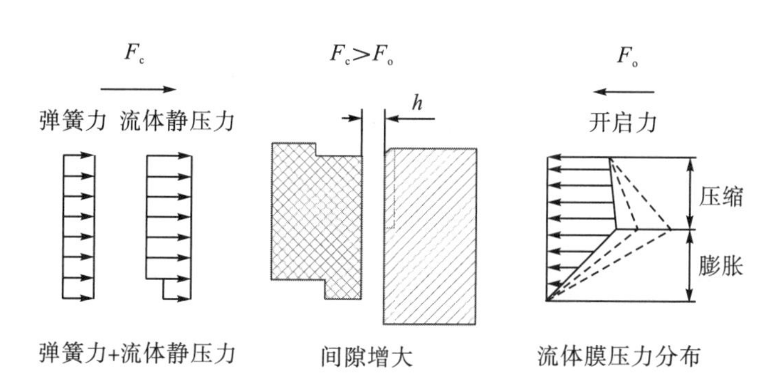

图 2-5　受干扰且密封端面间隙增大时密封环的受力变化情况

流体膜（液膜或气膜）的这种稳定机制将在静环和动环组件之间产生一层稳定性相当高的流体薄膜，所以在一般的运行条件下端面能保持非接触状态，保证密封端面不易磨损，使用寿命更长。

2.3 螺旋槽机械密封端面流体膜的压力控制方程

2.3.1 光滑区(密封坝)流体膜的压力控制方程

稳定运行阶段，由于螺旋槽机械密封端面流体膜的厚度(轴向)远小于密封的径向、周向尺度，因此可以忽略密封端面间隙内沿轴向的压力梯度，密封端面间的流体流动遵循稳态雷诺润滑方程。二维柱坐标系下的稳态雷诺方程为

$$\frac{\partial}{\partial r}\left(\frac{\rho r h^3}{12\mu}\frac{\partial p}{\partial r}\right)+\frac{1}{r}\frac{\partial}{\partial \theta}\left(\frac{\rho h^3}{12\mu}\frac{\partial p}{\partial \theta}\right)=\frac{U}{2}\frac{\partial(\rho h)}{\partial \theta} \tag{2-3}$$

方程式(2-3)可采用有限元法、有限体积法、有限差分法等数值方法进行求解。

对于光滑的密封坝，密度 ρ、膜厚 h 沿 θ 方向无变化，压力 p 沿 θ 方向无变化。式(2-3)可简化为

$$\frac{\mathrm{d}}{\mathrm{d}r}\left(\frac{\rho r h^3}{12\mu}\frac{\mathrm{d}p}{\mathrm{d}r}\right)=0 \tag{2-4}$$

1. 液体润滑机械密封的密封坝的液膜压力分布

一般情况下，可认为液体是不可压缩流体，密度 ρ 为常数，式(2-4)简化为

$$\frac{\mathrm{d}}{\mathrm{d}r}\left(\frac{r h^3}{12\mu}\frac{\mathrm{d}p}{\mathrm{d}r}\right)=0 \tag{2-5}$$

对于端面平行的机械密封，密封坝各处的膜厚 h 一样，即 h 为常数。假设端面间的流体为等温流动，则可认为流体的黏度不变。式(2-5)进一步简化为

$$\frac{\mathrm{d}}{\mathrm{d}r}\left(r\frac{\mathrm{d}p}{\mathrm{d}r}\right)=0 \tag{2-6}$$

式(2-6)即为液体润滑密封坝的液膜压力控制方程，可以根据具体情况确定压力边界条件，再通过解析法进行求解。

1)泵出式机械密封(上游泵送机械密封)

对于泵出式机械密封(上游泵送机械密封)，如图 2-6 所示，密封坝位于密封端面的外侧。被密封液体的压力 p_o 已知，如果螺旋槽根处 $r=r_g$ 的压力 p_g 已确定，那么密封坝($r_g \sim r_o$)的压力分布可通过求解式(2-6)确定。式(2-6)积分两次后可得到：

$$p(r)=C\ln r+D \tag{2-7}$$

边界条件：

$$p\big|_{r=r_o}=p_o；\quad p\big|_{r=r_g}=p_g \tag{2-8}$$

将式(2-8)代入式(2-7)得到：

$$p_o=C\ln r_0+D；\quad p_g=C\ln r_g+D \tag{2-9}$$

求解式(2-9)得到积分常数：

$$C=\frac{p_o-p_g}{\ln\left(\dfrac{r_o}{r_g}\right)};\qquad D=\frac{p_g\ln r_o-p_o\ln r_g}{\ln\left(\dfrac{r_o}{r_g}\right)} \tag{2-10}$$

将式(2-10)的积分常数 C、D 代入式(2-7)，可得到泵出式液体润滑机械密封的密封坝压力分布函数：

$$p(r)=\frac{p_o-p_g}{\ln\left(\dfrac{r_o}{r_g}\right)}\ln r+\frac{p_g\ln r_o-p_o\ln r_g}{\ln\left(\dfrac{r_o}{r_g}\right)} \tag{2-11}$$

并且有

$$\frac{\mathrm{d}p}{\mathrm{d}r}=\frac{p_o-p_g}{\ln\left(\dfrac{r_o}{r_g}\right)}\cdot\frac{1}{r} \tag{2-12}$$

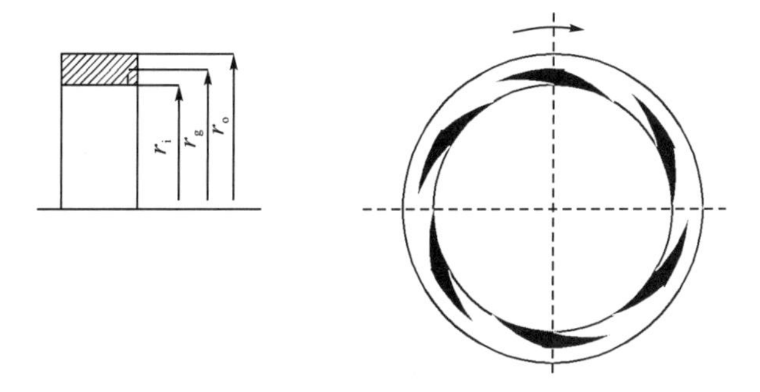

图 2-6　泵出式机械密封(上游泵送机械密封)

另外，泵出式机械密封端面间的流体沿密封坝径向流动的速度模型如图 2-7 所示，其径向速度分布为

$$u(y)=-\frac{1}{2\mu}\frac{\mathrm{d}p}{\mathrm{d}r}y(h-y) \tag{2-13}$$

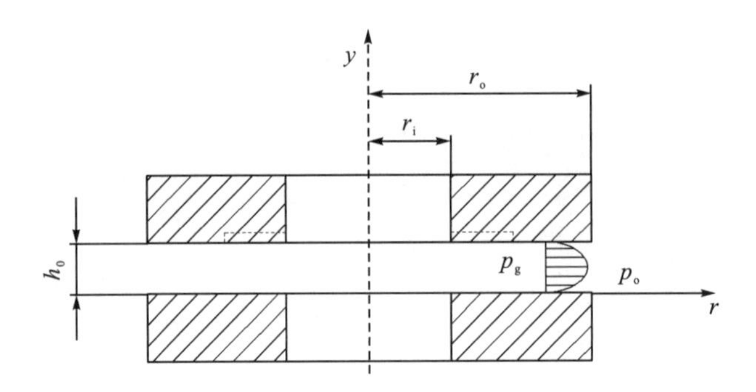

图 2-7 泵出式机械密封的流体沿密封坝的径向流动模型

通过密封坝的质量流量 S_t 为

$$S_t = \int_0^{h_0} \rho \cdot u(y) \cdot 2\pi r \mathrm{d}y \tag{2-14}$$

将式(2-13)代入式(2-14)得

$$S_t = \int_0^{h_0} -\rho \cdot \frac{1}{2\mu} \cdot \frac{\mathrm{d}p}{\mathrm{d}r} y(h-y) \cdot 2\pi r \mathrm{d}y \tag{2-15}$$

将密封坝的径向压力分布即式(2-11)代入式(2-15)，可得

$$S_t = \int_0^{h_0} -\rho \cdot \frac{1}{2\mu} \cdot \frac{p_o - p_g}{\ln\left(\frac{r_o}{r_g}\right)} \cdot \frac{1}{r} \cdot y(h-y) \cdot 2\pi r \mathrm{d}y = \frac{p_g - p_o}{\ln\left(\frac{r_o}{r_g}\right)} \cdot \frac{\rho \pi}{\mu} \cdot \frac{h_0^3}{6} \tag{2-16}$$

或

$$S_t = \frac{\pi \rho h_0^3 (p_g - p_o)}{6\mu \ln\left(\frac{r_o}{r_g}\right)} \tag{2-17}$$

式(2-16)或式(2-17)表示泵出式液体润滑机械密封穿越密封坝的质量流量，根据质量守恒定律，这一流量也是通过螺旋槽区的径向流动质量流量。

2)泵入式机械密封

泵入式液体润滑螺旋槽机械密封的端面几何结构如图 2-8 所示，与泵出式螺旋槽液体机械密封的结构相反，螺旋槽区位于密封端面的外侧($r_g \sim r_o$)，密封坝位于密封端面的内侧($r_i \sim r_g$)。

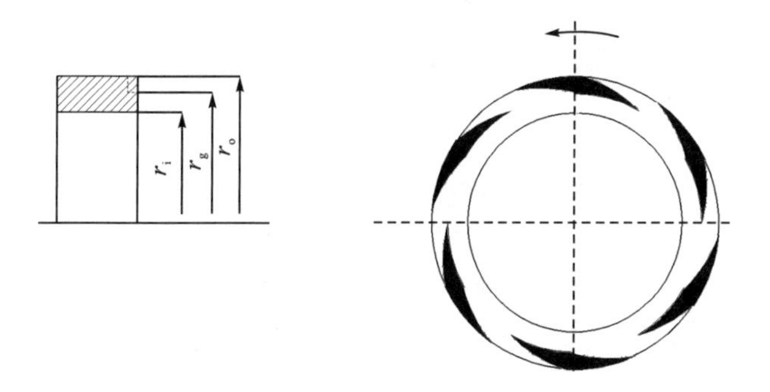

图 2-8　泵入式液体润滑螺旋槽机械密封

压力边界条件为

$$p\big|_{r=r_i}=p_i;\quad p\big|_{r=r_g}=p_g \tag{2-18}$$

对于泵入式螺旋槽机械密封，其坝区的压力控制方程仍满足式(2-7)，将压力边界条件式(2-18)代入式(2-7)，有

$$p_i=C_1\ln r_i+D_1;\quad p_g=C_1\ln r_g+D_1 \tag{2-19}$$

求解式(2-19)，积分常数 C_1、D_1 满足：

$$C_1=\frac{p_g-p_i}{\ln\left(\dfrac{r_g}{r_i}\right)};\quad D_1=\frac{p_i\ln r_g-p_g\ln r_i}{\ln\left(\dfrac{r_g}{r_i}\right)} \tag{2-20}$$

将式(2-20)的积分常数 C_1、D_1 代入式(2-7)，可得到泵入式液体润滑螺旋槽机械密封的密封坝压力分布：

$$p(r)=\frac{p_g-p_i}{\ln\left(\dfrac{r_g}{r_i}\right)}\cdot\ln r+\frac{p_i\ln r_g-p_g\ln r_i}{\ln\left(\dfrac{r_g}{r_i}\right)} \tag{2-21}$$

并且有

$$\frac{\mathrm{d}p}{\mathrm{d}r}=\frac{p_g-p_i}{\ln\left(\dfrac{r_g}{r_i}\right)}\cdot\frac{1}{r} \tag{2-22}$$

泵入式机械密封端面间的流体沿密封坝径向流动的速度模型如图 2-9 所示，其流动从槽根($r=r_g$)处流向内径($r=r_i$)处，流动方向与半径方向相反，其径向速度分布表达式为

$$u(y)=\frac{1}{2\mu}\frac{\mathrm{d}p}{\mathrm{d}r}y(h-y) \tag{2-23}$$

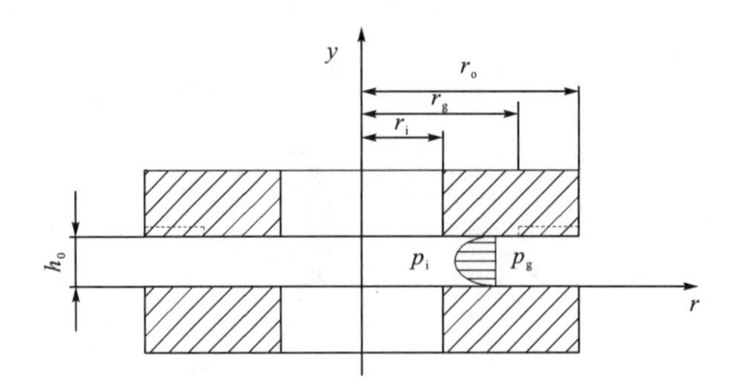

图 2-9 泵入式机械密封端面间的流体沿密封坝的径向流动模型

通过密封坝的质量流量 S_t 仍为

$$S_t = \int_0^{h_0} \rho \cdot u(y) \cdot 2\pi r \mathrm{d}y \tag{2-24}$$

将式(2-23)代入式(2-24)得

$$S_t = \int_0^{h_0} \rho \cdot \frac{1}{2\mu} \cdot \frac{\mathrm{d}p}{\mathrm{d}r} y(h-y) \cdot 2\pi r \mathrm{d}y \tag{2-25}$$

将式(2-21)代入式(2-25)得

$$S_t = \int_0^{h_0} \rho \cdot \frac{1}{2\mu} \cdot \frac{p_g - p_i}{\ln\left(\frac{r_g}{r_i}\right)} \cdot \frac{1}{r} \cdot y(h-y) \cdot 2\pi r \mathrm{d}y = \frac{p_g - p_i}{\ln\left(\frac{r_g}{r_i}\right)} \cdot \frac{\rho\pi}{\mu} \cdot \frac{h_0^3}{6}$$

或

$$S_t = \frac{\pi \rho h_0^3 \left(p_g - p_i\right)}{6\mu \ln\left(\frac{r_g}{r_i}\right)} \tag{2-26}$$

式(2-26)表示泵入式液体润滑机械密封穿越密封坝的质量流量，根据质量守恒定律，这一流量也是通过密封端面外侧螺旋槽区的径向流动质量流量。

2. 气体润滑机械密封的密封坝的气膜压力分布

与液体不同，气体的压缩性非常显著，其密度 ρ 是压力 p 和温度 T 的函数。因此在求解气体润滑机械密封坝的压力分布过程中，需要引入气体状态方程，与压力控制方程共同组成一个封闭的方程组。对于理想气体(完善气体)，密度、压力和温度遵循理想气体状态方程：

$$\frac{Mp}{\rho} = R_u T \text{ 或 } \frac{p}{\rho} = \frac{R_u}{M} T = RT \tag{2-27}$$

或

$$\rho = \frac{Mp}{R_u T} = \frac{p}{RT} \tag{2-28}$$

式中，R_u=8.314472J/(mol·K)为普适气体常数；M 为润滑气体的摩尔质量，单位取为 g/mol；T 为气体的热力学温度；R 为气体常数，$R=R_u/M$。

将式(2-28)代入式(2-4)得

$$\frac{\mathrm{d}}{\mathrm{d}r}\left(\frac{prh^3}{12\mu RT}\frac{\mathrm{d}p}{\mathrm{d}r}\right) = 0 \tag{2-29}$$

如果密封端面平行，那么密封坝各处的气膜厚度 h 一样，即 h 为常数。假设端面间的气体流动为等温流动，气体的温度 T 为常数，那么对于普通的干气密封设计，此时可以忽略气体的黏压效应，即黏度 μ 为常数，则式(2-29)可进一步简化为

$$\frac{\mathrm{d}}{\mathrm{d}r}\left(rp\frac{\mathrm{d}p}{\mathrm{d}r}\right) = 0 \tag{2-30}$$

或写为

$$\frac{\mathrm{d}}{\mathrm{d}r}\left(r\frac{\mathrm{d}p^2}{\mathrm{d}r}\right) = 0 \tag{2-31}$$

式(2-30)或式(2-31)即为气体润滑机械密封坝的气膜压力控制方程，可以根据具体情况确定压力边界条件，再通过解析法进行求解。

1)泵出式螺旋槽干气密封

对于泵出式螺旋槽干气密封，端面结构如图 2-6 所示，密封坝位于密封端面的外侧(r_g～r_o)部分，密封环外侧被密封的流体压力 p_o 已知。如果螺旋槽根($r=r_g$)处的压力 p_g 已知，那么密封坝(r_g～r_o)的压力分布可通过求解式(2-31)确定。式(2-31)积分两次后可得

$$p^2(r) = C_2\ln(r) + D_2 \tag{2-32}$$

边界条件：

$$p\big|_{r=r_o} = p_o\text{；}\quad p\big|_{r=r_g} = p_g \tag{2-33}$$

将式(2-33)代入式(2-32)得

$$p_o^2 = C_2\ln r_o + D_2\text{；}\quad p_g^2 = C_2\ln r_g + D_2 \tag{2-34}$$

求解式(2-34)得到积分常数：

$$C_2 = \frac{p_o^2 - p_g^2}{\ln\left(\dfrac{r_o}{r_g}\right)}\text{；}\quad D_2 = \frac{p_g^2\ln r_o - p_o^2\ln r_g}{\ln\left(\dfrac{r_o}{r_g}\right)} \tag{2-35}$$

将积分常数 C_2、D_2 代入式(2-32)得到泵出式密封坝的压力分布函数 $p(r)$ 满足：

$$p(r)=\sqrt{\frac{p_o^2-p_g^2}{\ln\left(\frac{r_o}{r_g}\right)}\cdot\ln(r)+\frac{p_g^2\ln r_o-p_o^2\ln r_g}{\ln\left(\frac{r_o}{r_g}\right)}} \tag{2-36}$$

另外，一般情况下螺旋槽根处的压力 p_g 是未知的，则需要与螺旋槽区的压力控制方程联合进行求解。而密封坝沿径向的质量流量与螺旋槽区是一致的，可将密封坝的压力控制方程改写成与质量流量有关的函数。由式(2-30)积分一次得到：

$$rp\frac{\mathrm{d}p}{\mathrm{d}r}=C_3 \quad \Rightarrow \quad \frac{\mathrm{d}p}{\mathrm{d}r}=\frac{C_3}{rp} \tag{2-37}$$

对于泵出式螺旋槽干气密封的密封坝，流体在压力差的驱动下，从螺旋槽根(r_g)处流向外径(r_o)处，流体的流动方向与半径 r 的方向相同，气体流动的速度分布为式(2-13)，即

$$u(y)=-\frac{1}{2\mu}\frac{\mathrm{d}p}{\mathrm{d}r}y(h-y) \tag{2-38}$$

同样，气体通过密封坝的质量流量 S_t 为

$$S_t=\int_0^{h_0}\rho\cdot u(y)\cdot 2\pi r\mathrm{d}y \tag{2-39}$$

将速度表达式(2-38)代入上式得到：

$$S_t=\int_0^{h_0}-\rho\cdot\frac{1}{2\mu}\cdot\frac{\mathrm{d}p}{\mathrm{d}r}y(h-y)\cdot 2\pi r\mathrm{d}y \tag{2-40}$$

将式(2-37)代入质量流量 S_t 的表达式中，有

$$S_t=\int_0^{h_0}-\rho\cdot\frac{1}{2\mu}\cdot\frac{C_3}{rp}\cdot y(h-y)\cdot 2\pi r\mathrm{d}y=-\frac{\rho\pi h_0^3}{6\mu}\cdot\frac{C_3}{p}$$

或

$$\frac{C_3}{p}=-\frac{6\mu S_t}{\rho\pi h_0^3} \tag{2-41}$$

联立式(2-41)和式(2-37)，可以得到：

$$\frac{\mathrm{d}p}{\mathrm{d}r}=-\frac{6\mu S_t}{\rho\pi h_0^3}\cdot\frac{1}{r} \tag{2-42}$$

将理想气体状态方程式(2-28)代入上式，有

$$\frac{\mathrm{d}p}{\mathrm{d}r}=-\frac{6\mu S_t}{\pi h_0^3}\cdot\frac{RT}{p}\cdot\frac{1}{r} \tag{2-43}$$

式(2-43)即为泵出式螺旋槽气体润滑机械密封(干气密封)的密封坝的气膜压力控制方程。

2)泵入式螺旋槽干气密封

对于普通的泵入式螺旋槽干气密封，如图2-10所示。密封坝位于密封端面的内侧(r_i～r_g)部分。密封内侧的流体压力 p_i 已知(一般为大气环境压力)，如果螺旋

槽根处(r=r_g)的压力 p_g 已确定，那么密封坝(r_i～r_g)的压力分布仍可通过求解式(2-31)得以确定。式(2-31)积分两次后可得

$$p^2(r)=C_4\ln(r)+D_4 \tag{2-44}$$

边界条件：

$$p\big|_{r=r_i}=p_i\,;\quad p\big|_{r=r_g}=p_g \tag{2-45}$$

将式(2-45)代入式(2-44)得到：

$$p_i^2=C_4\ln r_i+D_4\quad;\quad p_g^2=C_4\ln r_g+D_4 \tag{2-46}$$

求解式(2-46)得到积分常数：

$$C_4=\frac{p_g^2-p_i^2}{\ln\left(\dfrac{r_g}{r_i}\right)};\quad D_4=\frac{p_i^2\ln r_g-p_g^2\ln r_i}{\ln\left(\dfrac{r_g}{r_i}\right)} \tag{2-47}$$

将积分常数 C_4、D_4 代入式(2-44)得到泵入式密封坝的压力分布函数 $p(r)$ 满足：

$$p^2(r)=\frac{p_g^2-p_i^2}{\ln\left(\dfrac{r_g}{r_i}\right)}\ln(r)+\frac{p_i^2\ln r_g-p_g^2\ln r_i}{\ln\left(\dfrac{r_g}{r_i}\right)} \tag{2-48}$$

或

$$p(r)=\sqrt{\frac{p_g^2-p_i^2}{\ln\left(\dfrac{r_g}{r_i}\right)}\ln r+\frac{p_i^2\ln r_g-p_g^2\ln r_i}{\ln\left(\dfrac{r_g}{r_i}\right)}} \tag{2-49}$$

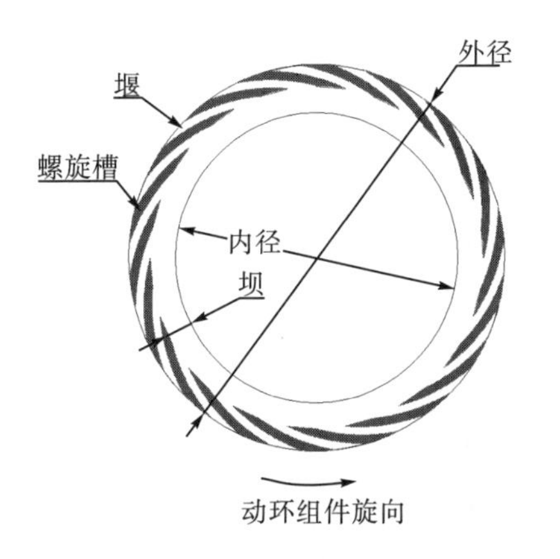

图 2-10　泵入式螺旋槽干气密封的端面结构

同样，气体通过密封坝的质量流量 S_t 为

$$S_t=\int_0^{h_0}\rho\cdot u(y)\cdot 2\pi r\mathrm{d}y \tag{2-50}$$

对于泵入式螺旋槽密封的密封坝，流体在压力差的驱动下，从螺旋槽根(r_g)处流向内径(r_i)处，流体的流动方向与 r 的方向相反，气体的速度分布仍为式(2-23)，即

$$u(y)=\frac{1}{2\mu}\frac{\mathrm{d}p}{\mathrm{d}r}y(h-y) \tag{2-51}$$

将速度分布式(2-51)代入式(2-50)得

$$S_t=\int_0^{h_0}\rho\cdot\frac{1}{2\mu}\cdot\frac{\mathrm{d}p}{\mathrm{d}r}y(h-y)\cdot 2\pi r\mathrm{d}y \tag{2-52}$$

将式(2-37)代入式(2-52)得

$$S_t=\int_0^{h_0}\rho\cdot\frac{1}{2\mu}\cdot\frac{C_3}{rp}\cdot y(h-y)\cdot 2\pi r\mathrm{d}y=\frac{\rho\pi h_0^3}{6\mu}\cdot\frac{C_3}{p}$$

或

$$\frac{C_3}{p}=\frac{6\mu S_t}{\rho\pi h_0^3} \tag{2-53}$$

将式(2-53)代入式(2-37)得到：

$$\frac{\mathrm{d}p}{\mathrm{d}r}=\frac{6\mu S_t}{\rho\pi h_0^3}\frac{1}{r} \tag{2-54}$$

将理想气体状态方程式(2-28)代入式(2-54)得到：

$$\frac{\mathrm{d}p}{\mathrm{d}r}=\frac{6\mu S_t}{\pi h_0^3}\frac{RT}{p}\frac{1}{r} \tag{2-55}$$

式(2-55)即为常见的泵入式螺旋槽气体润滑机械密封的密封坝的气膜压力控制方程。

2.3.2 螺旋槽区流体膜的压力控制方程(窄槽理论)

螺旋槽机械密封端面间流体膜的厚度(h)在开槽区域随半径(r)方向和圆周(θ)方向不断变化。流体膜压力控制方程即雷诺润滑方程式(2-3)不能用解析法进行求解，但可以用螺旋槽的“窄槽”理论近似求解。Muijderman[1]针对螺旋槽轴承，在半径 r 处取径向宽度为 dr 的圆环，当 dr 趋于无穷小且槽数足够多时，展开后密封环上的开槽区域可看作槽数无限的平行槽模型。由于流体动压作用，在这一圆环带上产生的压力增量为 dp。利用“窄槽”理论，可建立相应的压力控制微分方程。本书作者基于 Muijderman 螺旋槽轴承理论[1]，针对液体润滑螺旋槽机械密封和气体润滑螺旋槽机械密封开展了一系列工作，得到了便于具体应用的液膜压力控制方程和气膜压力控制方程。

1. 螺旋槽区液膜压力控制方程

对于液体润滑机械密封，液膜的密度保持不变。泵出式和泵入式螺旋槽区的液膜压力控制方程并不相同。

1) 泵出式螺旋槽区的液膜压力控制方程

泵出式螺旋槽，其槽的作用使流体从内径(r_i)处向外径(r_o)处流动，常用于上游泵送机械密封(图 2-6)，螺旋槽区的液膜压力控制方程为[1]

$$\frac{\mathrm{d}p}{\mathrm{d}r}=\frac{6\mu\omega g_1}{h_0^2}\cdot r-\frac{6\mu S_t g_2}{\pi\rho h_1 h_0^2}\frac{1}{r} \tag{2-56}$$

2) 泵入式螺旋槽区的液膜压力控制方程

泵入式螺旋槽(图 2-8)，其槽的作用使流体从外径(r_o)处向内径(r_i)处流动，螺旋槽区的液膜压力控制方程为

$$-\frac{\mathrm{d}p}{\mathrm{d}r}=\frac{6\mu\omega g_1}{h_0^2}r-\frac{6\mu S_t g_2}{\pi\rho h_1 h_0^2}\frac{1}{r} \tag{2-57}$$

式中，等式左边的“−”为 dp 的方向与 dr 的方向相反，即随着 r 的增加，压力 p 减小；或者说，随着 r 的减小，压力 p 增加。

式(2-56)和式(2-57)中，$h_1=h_0+h_g$，其中，h_g 为螺旋槽的槽深；g_1、g_2 为螺旋槽系数，其与台宽和槽宽的比值γ、螺旋角 α 和膜厚比 H 有关，g_1、g_2 的具体表达式为[1]

$$\begin{cases} g_1(\alpha,H,\gamma)=\dfrac{\gamma H^2(\cot\alpha)(1-H)(1-H^3)}{(1+\gamma H^3)(\gamma+H^3)+H^3(1+\gamma)^2(\cot^2\alpha)} \\ g_2(\alpha,H,\gamma)=\dfrac{(1+\gamma)H^2(1+\cot^2\alpha)(\gamma+H^3)}{(1+\gamma H^3)(\gamma+H^3)+H^3(1+\gamma)^2(\cot^2\alpha)} \\ H=h_0/h_1 \end{cases} \tag{2-58}$$

2. 气体润滑螺旋槽区的气膜压力控制方程

对于气体润滑螺旋槽机械密封来说，将理想气体状态方程式(2-28)分别代入式(2-56)和式(2-57)可得到相应的泵出式和泵入式螺旋槽气体润滑机械密封的气膜压力控制方程。

泵出式螺旋槽气体润滑机械密封螺旋槽区的气膜压力控制方程：

$$\frac{\mathrm{d}p}{\mathrm{d}r}=\frac{6\mu\omega g_1}{h_0^2}r-\frac{6\mu S_t g_2}{\pi h_1 h_0^2}\frac{RT}{p}\frac{1}{r} \tag{2-59}$$

泵入式螺旋槽气体润滑机械密封螺旋槽区的气膜压力控制方程：

$$\frac{\mathrm{d}p}{\mathrm{d}r}=-\frac{6\mu\omega g_1}{h_0^2}r+\frac{6\mu S_t g_2}{\pi h_1 h_0^2}\frac{RT}{p}\frac{1}{r} \tag{2-60}$$

式(2-59)或式(2-60)是关于气膜压力 p 的非线性微分方程，一般情况下需要通过数值法进行求解。

2.4 液体润滑螺旋槽机械密封压力分布的近似解析分析

2.4.1 泵出式液体润滑螺旋槽机械密封

对于如图 2-6 所示的泵出式液体润滑螺旋槽机械密封，螺旋槽区(r_i～r_g)的液膜压力控制方程为式(2-56)，密封环内侧(r=r_i)处的压力 p_i 已知，通过式(2-56)积分得

$$p(r)=p_\mathrm{i}+\frac{3\mu\omega g_1}{h_0^2}\left(r^2-r_\mathrm{i}^2\right)-\frac{6\mu S_\mathrm{t} g_2}{\pi\rho h_1 h_0^2}\ln\left(\frac{r}{r_\mathrm{i}}\right) \tag{2-61}$$

根据质量守恒定律，通过螺旋槽区径向的质量流量 S_t 与通过密封坝的径向质量流量相同，密封间隙内流经密封坝的径向质量流量满足式(2-17)，将其代入式(2-61)得

$$p(r)=p_\mathrm{i}+\frac{3\mu\omega g_1}{h_0^2}\left(r^2-r_\mathrm{i}^2\right)-\frac{h_0\left(p_\mathrm{g}-p_\mathrm{o}\right)g_2}{h_1\ln\left(\dfrac{r_\mathrm{o}}{r_\mathrm{g}}\right)}\ln\left(\frac{r}{r_\mathrm{i}}\right) \tag{2-62}$$

式(2-62)即为泵出式液体润滑螺旋槽机械密封螺旋槽区的压力分布表达式。在螺旋槽区与密封坝的交界处(r=r_g)，其液膜压力 p_g 为

$$p_\mathrm{g}=p_\mathrm{i}+\frac{3\mu\omega g_1}{h_0^2}\left(r_\mathrm{g}^2-r_\mathrm{i}^2\right)-\frac{h_0\left(p_\mathrm{g}-p_\mathrm{o}\right)g_2}{h_1\ln\left(\dfrac{r_\mathrm{o}}{r_\mathrm{g}}\right)}\ln\left(\frac{r_\mathrm{g}}{r_\mathrm{i}}\right) \tag{2-63}$$

从式(2-63)可计算出槽坝交界处压力 p_g:

$$p_\mathrm{g}=\frac{p_\mathrm{i}+\dfrac{3\mu\omega g_1}{h_0^2}\left(r_\mathrm{g}^2-r_\mathrm{i}^2\right)+\dfrac{h_0}{h_1}\dfrac{\ln\left(\dfrac{r_\mathrm{g}}{r_\mathrm{i}}\right)}{\ln\left(\dfrac{r_\mathrm{o}}{r_\mathrm{g}}\right)}g_2 p_\mathrm{o}}{1+\dfrac{h_0}{h_1}\dfrac{\ln\left(\dfrac{r_\mathrm{g}}{r_\mathrm{i}}\right)}{\ln\left(\dfrac{r_\mathrm{o}}{r_\mathrm{g}}\right)}g_2} \tag{2-64}$$

根据 2.3.1 节的分析，泵出式密封坝部分的液膜压力分布为式(2-11)，即

$$p(r)=\frac{p_o-p_g}{\ln\left(\dfrac{r_o}{r_g}\right)}\cdot\ln(r)+\frac{p_g\ln(r_o)-p_o\ln(r_g)}{\ln\left(\dfrac{r_o}{r_g}\right)}$$

这样，泵出式液体润滑螺旋槽机械密封整个密封端面的压力分布可由式(2-11)、式(2-62)和式(2-64)完全确定。

2.4.2　泵入式液体润滑螺旋槽机械密封

对于泵入式液体润滑螺旋槽机械密封(图 2-8)，螺旋槽区(r_o～r_g)的液膜压力控制方程满足式(2-57)，密封环外侧 r=r_o 处的压力 p_o 已知，对式(2-57)进行积分可得液膜在密封端面间的压力分布表达式为

$$p(r)=p_o+\frac{3\mu\omega g_1}{h_0^2}\left(r_o^2-r^2\right)+\frac{6\mu S_t g_2}{\pi\rho h_1 h_0^2}\ln\left(\frac{r}{r_o}\right) \tag{2-65}$$

同样，根据质量守恒定律，流经螺旋槽径向的质量流量 S_t 与通过密封坝的质量流量相同。对于泵入式液体润滑机械密封，流经密封坝的质量流量可由式(2-26)求得，将其代入式(2-65)，可得泵入式液体润滑机械密封螺旋槽区的压力分布表达式：

$$p(r)=p_o+\frac{3\mu\omega g_1}{h_0^2}\left(r_o^2-r^2\right)+\frac{h_0\left(p_g-p_i\right)g_2}{h_1\ln\left(\dfrac{r_g}{r_i}\right)}\ln\left(\frac{r}{r_o}\right) \tag{2-66}$$

式(2-66)即为泵入式螺旋槽液体润滑机械密封螺旋槽区的压力分布表达式。在螺旋槽区域与密封坝的交界处(r=r_g)，其液膜压力 p_g 为

$$p_g=p_o+\frac{3\mu\omega g_1}{h_0^2}\left(r_o^2-r_g^2\right)+\frac{h_0\left(p_g-p_i\right)g_2}{h_1\ln\left(\dfrac{r_g}{r_i}\right)}\ln\left(\frac{r_g}{r_o}\right) \tag{2-67}$$

从式(2-67)可以计算出槽坝交界处压力 p_g：

$$p_g=\frac{p_o+\dfrac{3\mu\omega g_1}{h_0^2}\left(r_o^2-r_g^2\right)-\dfrac{h_0}{h_1}\dfrac{\ln\left(\dfrac{r_g}{r_o}\right)}{\ln\left(\dfrac{r_g}{r_i}\right)}g_2 p_i}{1-\dfrac{h_0}{h_1}\dfrac{\ln\left(\dfrac{r_g}{r_o}\right)}{\ln\left(\dfrac{r_g}{r_i}\right)}g_2} \tag{2-68}$$

根据 2.3.1 节的分析，对于泵入式液膜机械密封来说，密封坝的压力分布为式(2-21)，即

$$p(r)=\frac{p_{g}-p_{i}}{\ln\left(\frac{r_{g}}{r_{i}}\right)}\cdot\ln r+\frac{p_{i}\ln r_{g}-p_{g}\ln r_{i}}{\ln\left(\frac{r_{g}}{r_{i}}\right)}$$

至此，泵入式液体润滑螺旋槽机械密封整个密封端面上的压力分布可由式(2-21)、式(2-66)和式(2-68)完全确定。

2.5 气体润滑螺旋槽机械密封压力分布的近似解析分析

2.5.1 泵出式气体润滑螺旋槽机械密封

泵出式气体润滑螺旋槽机械密封的螺旋槽区气膜压力控制方程为式(2-59)，即

$$\frac{\mathrm{d}p}{\mathrm{d}r}=\frac{6\mu\omega g_{1}}{h_{0}^{2}}r-\frac{6\mu S_{t}g_{2}}{\pi h_{1}h_{0}^{2}}\frac{RT}{p}\frac{1}{r}$$

泵出式气体润滑螺旋槽机械密封的密封坝气膜压力控制方程为式(2-43)，即

$$\frac{\mathrm{d}p}{\mathrm{d}r}=-\frac{6\mu S_{t}}{\pi h_{0}^{3}}\cdot\frac{RT}{p}\cdot\frac{1}{r}$$

通过式(2-43)求解得

$$p_{g}^{2}-p_{o}^{2}=\frac{12\mu S_{t}RT}{\pi h_{0}^{3}}\ln\left(\frac{r_{o}}{r_{g}}\right)$$

或

$$S_{t}=\frac{\pi h_{0}^{3}\left(p_{g}^{2}-p_{o}^{2}\right)}{12\mu RT\ln\left(\frac{r_{o}}{r_{g}}\right)} \tag{2-69}$$

联合求解式(2-59)和式(2-69)即可获得泵出式气体润滑螺旋槽机械密封端面间的气膜压力分布。计算时，密封端面两侧的压力边界条件已知，即

$$p\big|_{r=r_{i}}=p_{i}；\quad p\big|_{r=r_{o}}=p_{o} \tag{2-70}$$

在进行具体计算时，首先对密封间隙内流经坝区的质量流量 S_t 赋一初值，根据式(2-69)计算出槽根($r=r_g$)处的压力 p_g，求解式(2-59)获得密封端面内侧($r=r_i$)处的压力 p_i'。若 $p_i'=p_i$，则计算结束，否则调整密封端面间流体沿径向的质量流量，即泄漏率 S_t，直至 $p_i'=p_i$。此时的泄漏率 S_t、压力分布 $p(r)$ 即为所求密封的泄漏率和压力分布。

2.5.2　泵入式气体润滑螺旋槽机械密封

泵入式气体润滑螺旋槽机械密封的螺旋槽区气膜压力控制方程为式(2-60)，即

$$\frac{\mathrm{d}p}{\mathrm{d}r}=-\frac{6\mu\omega g_1}{h_0^2}r+\frac{6\mu S_{\mathrm{t}}g_2}{\pi h_1 h_0^2}\frac{RT}{p}\frac{1}{r}$$

泵入式气体润滑螺旋槽机械密封的密封坝气膜压力控制方程式(2-55)，即

$$\frac{\mathrm{d}p}{\mathrm{d}r}=\frac{6\mu S_{\mathrm{t}}}{\pi h_0^3}\frac{R_{\mathrm{u}}T}{Mp}\frac{1}{r}=\frac{6\mu S_{\mathrm{t}}}{\pi h_0^3}\frac{RT}{p}\frac{1}{r}$$

由式(2-55)得

$$p\frac{\mathrm{d}p}{\mathrm{d}r}=\frac{6\mu S_{\mathrm{t}}}{\pi h_0^3}\frac{R_{\mathrm{u}}T}{M}\frac{1}{r}\Rightarrow\frac{\mathrm{d}p^2}{\mathrm{d}r}=\frac{12\mu S_{\mathrm{t}}}{\pi h_0^3}\frac{R_{\mathrm{u}}T}{M}\frac{1}{r}\Rightarrow\int_{p_{\mathrm{i}}}^{p_{\mathrm{g}}}\mathrm{d}p^2=\frac{12\mu S_{\mathrm{t}}}{\pi h_0{}^3}\frac{R_{\mathrm{u}}T}{M}\int_{r_{\mathrm{i}}}^{r_{\mathrm{g}}}\frac{\mathrm{d}r}{r}$$

因此

$$p_{\mathrm{g}}^2-p_{\mathrm{i}}^2=\frac{12\mu S_{\mathrm{t}}}{\pi h_0^3}\frac{R_{\mathrm{u}}T}{M}\ln\left(\frac{r_{\mathrm{g}}}{r_{\mathrm{i}}}\right)$$

或

$$S_{\mathrm{t}}=\frac{\pi h_0^3 M\left(p_{\mathrm{g}}^2-p_{\mathrm{i}}^2\right)}{12\mu R_{\mathrm{u}}T\ln\left(\dfrac{r_{\mathrm{g}}}{r_{\mathrm{i}}}\right)}=\frac{\pi h_0^3\left(p_{\mathrm{g}}^2-p_{\mathrm{i}}^2\right)}{12\mu RT\ln\left(\dfrac{r_{\mathrm{g}}}{r_{\mathrm{i}}}\right)}\tag{2-71}$$

通过联合求解式(2-60)和式(2-71)即可获得泵入式气体润滑机械密封端面间的气膜压力分布。计算时，密封端面两侧的压力边界条件已知，即

$$p\big|_{r=r_{\mathrm{i}}}=p_{\mathrm{i}}；\quad p\big|_{r=r_{\mathrm{o}}}=p_{\mathrm{o}}\tag{2-72}$$

对于泵入式气体润滑螺旋槽干气密封，其端面压力分布的求解过程与泵出式螺旋槽干气密封相似，具体计算方法如下：根据质量守恒定律，可知开有螺旋槽的台槽区的气体质量流量与通过密封坝的气体质量流量相等，同为 S_{t}。计算时，假设质量流量 S_{t} 的数值，利用式(2-71)和已知条件，即密封环内径 $r=r_{\mathrm{i}}$ 处和 $p=p_{\mathrm{i}}$ 可计算出螺旋槽根($r=r_{\mathrm{g}}$)处的压力 p_{g}，同时可获得密封坝(r_{i} 与 r_{g} 之间)的气膜压力分布 $p_1(r)$。再将所获得的槽根处压力 p_{g} 代入式(2-60)即可获得外边界($r=r_{\mathrm{o}}$)处的压力 p_{o}'，同时也可获得台槽区(r_{g} 与 r_{o} 之间)的气膜压力分布 $p_2(r)$。若 p_{o}' 等于外径处的压力 p_{o}，则试算结束。此时获得的压力分布 $p(r)$ 即为端面的气膜压力分布，获得的泄漏率 S_{t} 即为端面间的气体泄漏率。否则，重新假设 S_{t}，重复上述试算过程，直到满足 $p_{\mathrm{o}}'=p_{\mathrm{o}}$。

2.6 机械密封端面间流体膜的稳态性能

机械密封端面间流体膜的稳态性能一般指稳定运行状态下流体膜的流动状态、流体膜的压力分布、温度分布、流体膜压力形成的开启力、流体膜的刚度、流体通过密封端面的泄漏率、流体膜的剪切摩擦力矩等。

2.6.1 流体膜的流动状态

流体膜的流动状态指流体流动是层流流动还是湍流流动，一般通过雷诺数来进行判断。若雷诺数小于临界雷诺数则为层流流动，否则为非层流流动或湍流流动。本书不严格区分介于层流流动与湍流流动之间的非层流流动，即类似于泰勒涡的非层流、非传统湍流的流动。机械密封端面间的流体流动包含沿径向的压差流动和沿圆周方向的剪切流动(忽略圆周方向的压差流动)，是一种复合流动状态。作者等对机械密封的流动状态进行了分析[2]，一般认为，压差流动的临界雷诺数 Re_{ct}=2000，剪切流动的临界雷诺数小于 2000，但也接近 2000。为了方便起见，本书取剪切流动的临界雷诺数 Re_{ct}=2000。这样，压差流和剪切流复合而成的复合临界雷诺数也为 2000，即 Re_c=2000。

机械密封端面间流体复合流动的复合雷诺数可由复合速度计算，径向流动的平均速度 V_r 或 V_p 由泄漏率计算，圆周剪切流动的平均速度 V_t 或 V_c 由密封环的旋转角速度和旋转半径 r 计算。即

$$V_r = \frac{S_t}{2\pi r h_0 \rho} \tag{2-73}$$

$$V_t = \frac{0+\omega r}{2} = \frac{\omega r}{2} \tag{2-74}$$

其复合速度为

$$V_m = \sqrt{V_r^2 + V_t^2} \tag{2-75}$$

按复合速度计算复合雷诺数：

$$Re = \frac{\rho 2 h_0 V_m}{\mu} \tag{2-76}$$

式中，$2h_0$ 为流体在间隙为 h_0 的平行平板狭缝内流动的当量水力直径 d_e。若根据式(2-76)计算得到的复合雷诺数 Re<2000，则认为流动为层流，否则流动为非层流或湍流。关于对密封端面间流体流动状态更详细的讨论见 4.1.2 节端面气膜流动状态分析。

2.6.2 端面的开启力

密封端面的开启力是密封端面流体膜压力形成的合力，一旦获得了流体膜的压力分布 $p(r)$，将流体膜压力在整个密封端面上积分即可获得端面的开启力。

$$F_o = \int_{r_i}^{r_o} p(r) \cdot 2\pi r \mathrm{d}r \tag{2-77}$$

2.6.3 流体膜的刚度

流体膜的刚度是表征流体膜抵抗变形的能力，它是由单位膜厚变化引起的开启力的变化。

$$K = -\frac{\mathrm{d}F_o}{\mathrm{d}h_0} \tag{2-78}$$

式中，“−”表明膜厚 h_0 增加，开启力 F_o 降低。流体膜的刚度 K 越大，流体膜的稳定性越好，抗干扰能力越强。

2.6.4 流体膜的温度分布

流体膜的温度分布取决于热量的产生和传递。热量的产生包括由密封端面的相对运动而造成的摩擦剪切热、气体的压缩热、由密封环与密封腔的相对运动而造成的搅拌热等。热量的传递包括热传导和对流换热等，所以要准确得知机械密封流体膜的温度分布规律是非常困难的，需要求解能量方程。本书不考虑流体膜的温度分布问题，认为流体在密封端面间的流动是等温流动。

2.6.5 流体膜的剪切摩擦力矩

流体膜的剪切摩擦力矩是计算摩擦功耗的关键。摩擦力矩与旋转角速度的乘积即为端面摩擦功耗。摩擦力矩的本质是流体黏性内摩擦力形成的矩。由于螺旋槽的结构复杂，所以螺旋槽机械密封端面摩擦力矩的计算也比较复杂。为了简化计算，出现了一些简化算法。

1966 年，Muijderman 推导出了螺旋槽止推轴承端面摩擦力矩的计算公式[1]。1979 年，Gabriel 在 Muijderman 公式的基础上给出了螺旋槽干气密封端面摩擦力矩的近似计算式[3]。1980 年，Sedy[4]忽略螺旋槽几何形状的影响，直接将动静环简化为两平行圆盘，利用平行圆盘之间的流体内摩擦力来计算螺旋槽干气密封端面间的摩擦力矩。1999 年，本书作者提出螺旋槽区当量间隙的概念[5]，利用等体积的思想，认为螺旋槽区的槽台间隙当量为一均匀间隙，利用该当量间隙计算螺旋台槽区的内摩擦力和摩擦力矩。

在螺旋槽机械密封端面开有螺旋槽的环形区域，即台槽区，槽区间隙为 h_1，台区间隙为 h_0，槽深为 h_g，则 $h_1=h_0+h_g$。台区宽度为 a_2，槽区宽度(圆周方向)为 a_1，台槽比 $\gamma=a_2/a_1$。在整个台槽区域，假设存在一当量间隙 h_e，以当量间隙 h_e 的流体产生的摩擦力矩等于以槽区间隙 h_1 和台区间隙 h_0 流体产生的摩擦力矩。按照等流体体积等摩擦力矩的思想，取沿半径方向的长度为 1，流体体积即为圆周方向的截面积，考虑一个台槽区，可以得出：

$$a_2h_0+a_1h_1=a_2h_0+a_1(h_0+h_g)=(a_1+a_2)h_e$$

通过简单变换，即可得到当量间隙：

$$h_e=h_0+\frac{1}{1+\gamma}h_g \tag{2-79}$$

如此便可以将螺旋槽机械密封螺旋台槽区不等间隙(h_1 与 h_0)的流体膜简化为等间隙(h_e)的流体膜，这样做可使摩擦力矩的计算非常方便。这种简化仅能考虑槽深(h_g)和台槽比(γ)的影响，但无法考虑螺旋角等因素的影响。

此方法可以直接利用牛顿黏性剪切定律确定密封端面间的摩擦力矩。密封端面间流体膜产生的总摩擦力矩为台槽区的摩擦力矩加上密封坝的摩擦力矩。对于密封坝在内侧的泵入式螺旋槽机械密封，其总摩擦力矩的计算式为

$$M_s=\int_{r_i}^{r_g}\frac{2\pi\mu\omega}{h_0}r^3\mathrm{d}r+\int_{r_g}^{r_o}\frac{2\pi\mu\omega}{h_e}r^3\mathrm{d}r \tag{2-80}$$

2.7 滑移流效应

流体力学理论认为，由于流体黏性的作用，流体与边界无相对滑移运动，即流体的无滑移假设。在常见的宏观尺度范围内，流体无滑移假设是成立的。但对于微纳尺度领域，无论是液体还是气体均会出现滑移现象。对于气体润滑非接触式机械密封，有时会面临低压小间隙的情况，如搅拌反应釜用干气密封、泵用干气密封和压缩机用干气密封的启动或停车阶段等，此时干气密封会面临滑移流的问题。气体压力低意味着气体分子的平均自由程较大，而在小间隙情况下，密封间隙与气体分子的自由程比较接近，所以气体表现出稀薄气体效应，其边界滑移效应明显。滑移流效应的本质是流体与固体壁面间的黏附能力下降，出现流体速度与固体壁面速度的差异，形成滑移，其宏观效应等价于流体黏性的降低。可以采用等效黏度系数或有效黏度系数来考虑滑移流效应。

采用有效黏度的概念，滑移流效应影响螺旋槽干气密封的性能可以通过近似

解析法进行分析[6]。与数值方法相比，解析法能够清楚地表达变量之间的关系，计算迅速、直观、结果唯一，并有利于进行优化设计。

滑移流效应的宏观表现等效于黏度的减小，考虑滑移流效应后的气体黏度称为有效黏度 μ_{eff}，其表达式为[7]

$$\mu_{eff}=\frac{\mu}{1+f\left(K_n\right)} \tag{2-81}$$

式中，K_n 为努森数，它是分子平均自由程 λ 与气膜厚度 h_0 的比值，即

$$K_n=\frac{\lambda}{h_0} \tag{2-82}$$

一般认为，当努森数 $K_n \leqslant 0.01$ 时，不需要考虑滑移流问题；当努森数 K_n 在 0.01～0.1，即 $0.01<K_n\leqslant 0.1$ 时，需要考虑滑移流问题。

气体分子的平均自由程 λ 受压力的影响，可以表示为

$$\lambda=\frac{16}{5}\frac{\mu}{p}\left(\frac{RT}{2\pi}\right)^{0.5} \tag{2-83}$$

式中，R 为气体常数，对于空气，R=287 J/(kg·K)。

张文明等[7]总结了常见滑移流模型的有效黏度系数表达式。最常见的是 Burgdorfer(伯格多费)建立的滑移流模型[8]，其有效黏度系数为

$$\mu_{eff}=\frac{\mu}{1+6K_n} \tag{2-84}$$

将式(2-82)和式(2-83)依次代入式(2-84)，得到基于 Burgdorfer 滑移流模型的有效黏性系数的表达式：

$$\mu_{eff}=\frac{\mu}{1+\frac{96}{5}\frac{\mu}{p}\left(\frac{RT}{2\pi}\right)^{0.5}\frac{1}{h_0}} \tag{2-85}$$

用式(2-85)的有效黏度表达式 μ_{eff} 代替各种气体压力控制方程中的气体动力黏度 μ 即可获得考虑滑移流效应的气膜压力控制方程。

2.8　实际气体效应

严格来说，自然界中实际存在的气体都是实际气体，当压力较低时，气体的比体积较大，分子本身所占的体积及分子之间的相互作用力(引力和斥力)可以忽略不计，这时气体可以视为理想气体，也就是说理想气体是一种经过科学抽象的假想气体[9]。

气体润滑机械密封或称干气密封，当润滑气体为高压气体或氢气、二氧化碳或水蒸气等特殊气体时，需要考虑实际气体效应。理想气体的压力 p、密度 ρ 和

温度 T 遵循理想气体状态方程式(2-27)或式(2-28)。当需要考虑实际气体效应时，应采用实际气体状态方程。具体的实际气体状态方程的种类有很多，但一般可写成下列形式：

$$\frac{Mp}{\rho}=ZR_{\mathrm{u}}T \tag{2-86}$$

或

$$\rho=\frac{Mp}{ZR_{\mathrm{u}}T}=\frac{p}{ZRT} \tag{2-87}$$

可以看出，等温等压下实际气体和理想气体状态方程之间的差异可以用一个无量纲系数 Z 来体现。这个系数称为压缩因子，表示实际气体相对于理想气体的偏离程度，这种偏离程度称为实际气体效应。具体地说，当 $Z>1$ 时，表明实际气体比理想气体难压缩；当 $Z=1$ 时，实际气体状态方程即为理想气体状态方程；当 $Z<1$ 时，表明实际气体比理想气体易压缩[10]。

显然，压缩因子是关于压力和温度的函数。氮气(N_2)是干气密封的常用封气，甲烷(CH_4)、氢气(H_2)和二氧化碳(CO_2)是几种特殊的干气密封润滑气体，其压缩因子的变化规律如图 2-11 所示，其中，图 2-11(a)表明压力对气体压缩因子的影响，图 2-11(b)描述温度对气体压缩因子的影响。从图中可以看出，在相同温度的条件下，对于以上四种气体，压缩因子 Z 与“1”之间存在着显著偏差。随着压力的增大，氢气的压缩因子呈现持续增大的趋势，而其他三种气体的压缩因子变化趋势则稍显复杂。在低温时甲烷的压缩因子先减小后增大，但这种变化随着温度的升高逐渐演变成持续增大且增长幅度逐渐变缓。

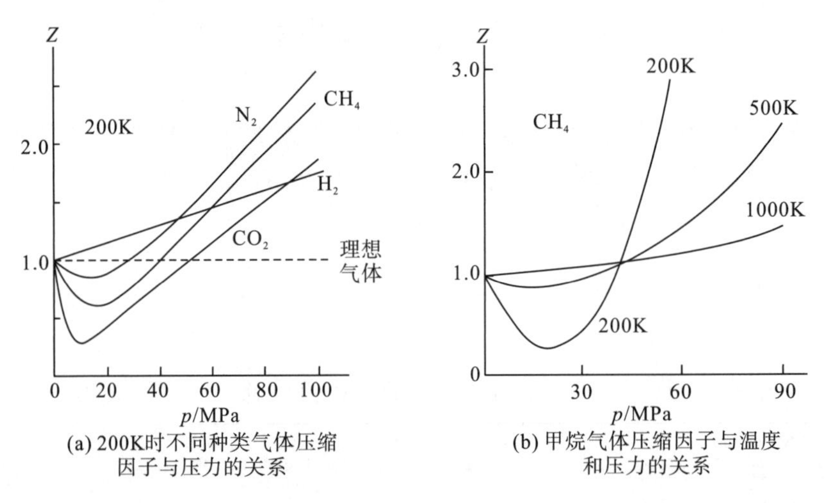

(a) 200K时不同种类气体压缩因子与压力的关系

(b) 甲烷气体压缩因子与温度和压力的关系

图 2-11 氮气、甲烷、氢气和二氧化碳的压缩因子与压力、温度的关系曲线[11,12]

针对不同种类的气体和工况，可以选用恰当的气体状态方程来确定气体压缩因子 Z。在化工热力学领域中，采用实验法、经验或半经验法及理论法已推导出了很多实际气体的状态方程，但都有一定的适用范围。到目前为止，尚未有适合于各种气体、各种状态区域且计算精度又高的状态方程[13]。针对具体的润滑介质，选用合理的气体状态方程描述润滑气体的 p-v-T 关系，这是考虑实际气体效应的首要工作。在气体润滑机械密封的气膜压力控制方程中，用式(2-87)代替气体的密度 ρ 即可得到实际气体效应修正的气膜压力控制方程，求解该方程即可分析实际气体效应对干气密封性能的影响。关于实际气体效应对干气密封性能的影响，将在本书的第 5 章进行详细介绍。

参 考 文 献

[1] Muijderman E A. Spiral Groove Bearings[M]. New York: Springer-Verlag, 1966.

[2] 付朝波，宋鹏云. 非接触机械密封端面间流体膜流动状态临界雷诺数的讨论[J]. 润滑与密封，2019, 44(7): 63-68,77.

[3] Gabriel R P. Fundamentals of spiral groove noncontacting face seal[J]. Lubrication Engineering, 1979, 35(7): 367-375.

[4] Sedy J. Improved performance of film-riding gas seals through enhancement of hydrodynamic effects[J]. ASLE Transactions, 1980, 23(1): 35-44.

[5] 宋鹏云. 螺旋槽流体动压型机械密封端面间液膜特性研究[D]. 成都：四川大学, 1999.

[6] 宋鹏云，张帅，许恒杰. 同时考虑实际气体效应和滑移流效应螺旋槽干气密封性能分析[J]. 化工学报，2016, 67(4): 1405-1415.

[7] 张文明，孟光. 微电系统动力学[M]. 北京：科学出版社, 2008.

[8] Burgdorfer A. The influence of the molecular mean free path on the performance of hydrodynamic gas lubricated bearings[J]. Journal of Basic Engineering, 1959, 81(1): 94-98.

[9] 沈维道，蒋智敏，童钧耕合. 工程热力学[M]. 3 版.北京：高等教育出版社, 2001.

[10] 苏长荪. 高等工程热力学[M]. 北京：高等教育出版社, 1987.

[11] 大连理工大学无机化学教研室. 无机化学[M]. 5 版.北京：高等教育出版社, 2006.

[12] Levine Ira N. Physical Chemistry[M]. 6th Edn. New York: McGraw-Hill, 2008.

[13] 毕明树,冯殿义,马连湘. 工程热力学[M]. 2 版.北京：化学工业出版社, 2008: 54.

第 3 章　液体润滑螺旋槽机械密封

本章主要讨论液膜润滑螺旋槽机械密封，包括泵出式机械密封和泵入式机械密封。一般情况下，该类机械密封的端面间为全液膜，但也可以是部分液膜、部分气膜的气液膜机械密封。

3.1　泵出式(上游泵送)液体润滑螺旋槽机械密封

泵出式机械密封是在端面内侧开螺旋槽，如图 2-6 所示。流体从端面内侧进入，从端面外侧流出，一般作为上游泵送机械密封使用。它通过端面内侧的螺旋槽将内径侧的低压液体送入密封端面起到润滑作用，并有少量的下游低压液体进入上游的高压密封腔。在某些工况下，也可以取消下游的液体，内侧螺旋槽仅依靠上游泄漏的液体进行上游泵送而实现端面的非接触。某些特殊情况下，内侧液体的压力可高于外侧流体(液体或气体)的压力，即内侧高压机械密封，此时为下游泵送泵出式机械密封。

3.1.1　密封性能参数计算

1. 液膜压力分布

根据 2.4 节的分析，如图 2-6 所示的泵出式螺旋槽机械密封液膜密封端面的压力分布如下。

开有螺旋槽部分(r_i～r_g)：

$$p(r)=p_i+\frac{3\mu\omega g_1}{h_0^2}\left(r^2-r_i^2\right)-\frac{h_0\left(p_g-p_o\right)g_2}{h_1\ln\left(\dfrac{r_o}{r_g}\right)}\ln\left(\frac{r}{r_i}\right) \tag{3-1}$$

未开槽的密封坝部分(r_g～r_o)：

$$p(r)=\frac{p_o-p_g}{\ln\left(\dfrac{r_o}{r_g}\right)}\cdot\ln(r)+\frac{p_g\ln(r_o)-p_o\ln(r_g)}{\ln\left(\dfrac{r_o}{r_g}\right)} \tag{3-2}$$

式中，槽坝交界处压力为

$$p_{\mathrm{g}}=\frac{p_{\mathrm{i}}+\dfrac{3\mu\omega g_1}{h_0^2}\left(r_{\mathrm{g}}^2-r_{\mathrm{i}}^2\right)+\dfrac{h_0}{h_1}\dfrac{\ln\left(\dfrac{r_{\mathrm{g}}}{r_{\mathrm{i}}}\right)}{\ln\left(\dfrac{r_{\mathrm{o}}}{r_{\mathrm{g}}}\right)}g_2p_{\mathrm{o}}}{1+\dfrac{h_0}{h_1}\dfrac{\ln\left(\dfrac{r_{\mathrm{g}}}{r_{\mathrm{i}}}\right)}{\ln\left(\dfrac{r_{\mathrm{o}}}{r_{\mathrm{g}}}\right)}g_2} \tag{3-3}$$

2. 密封端面开启力

密封端面开启力是一个重要的密封性能指标，它是密封端面间液膜压力形成的合力。一旦获得了流体膜的压力分布，将流体膜压力在整个密封端面上积分即可获得密封端面开启力。

$$F_{\mathrm{o}}=\int_{r_{\mathrm{i}}}^{r_{\mathrm{o}}}p\left(r\right)\cdot 2\pi r\mathrm{d}r \tag{3-4}$$

3. 液膜刚度

液膜刚度表征液膜抵抗变形的能力。这里仅考虑液膜的法向刚度，即由单位液膜厚度变化引起的端面开启力的变化。即

$$K=-\frac{\mathrm{d}F_{\mathrm{o}}}{\mathrm{d}h_0} \tag{3-5}$$

液膜刚度也可以看成是开启力曲线(F_{o}～h_0)的负斜率。式(3-5)中，“−”表示随着膜厚增加，开启力是减小的。具体计算时，可以针对确定的非槽区液膜厚度 h_0，给出一个微小增量 Δh_0，由式(3-4)计算出相应的开启力，进而确定相应的开启力增量 ΔF_{o}，再根据式(3-5)计算出相应的液膜刚度。或者通过数据拟合或其他方式获得开启力 F_{o} 与液膜厚度 h_0 的函数或曲线，再通过式(3-5)计算液膜的刚度。

4. 泄漏率

获得槽根处的压力 p_{g} 之后，根据被密封的介质压力 p_{o} 和非槽区膜厚 h_0，按第 2 章的式(2-17)可得液体通过密封坝形成的泄漏率(上游泵送速率)为

$$S_{\mathrm{t}}=\frac{\pi\rho h_0^3\left(p_{\mathrm{g}}-p_{\mathrm{o}}\right)}{6\mu\ln\left(\dfrac{r_{\mathrm{o}}}{r_{\mathrm{g}}}\right)}$$

5. 算例验证

为验证所推导的泵出式液膜机械密封端面压力分布表达式的正确性，本节以数值计算结果为验证对象。数值计算方法所采用的压力控制方程为稳态雷诺方程，即式(2-3)。采用有限差分法对式(2-3)进行离散，再通过编程进行求解。验证案例参数：r_i=85mm，r_o=109.5mm，r_g=97.25mm，螺旋槽深 h_g=5μm，螺旋角 α=20°，台槽比 γ=1，非槽区膜厚 h_0=5μm，槽数 N_g=12，介质动力黏度 $\mu=8.9\times10^{-4}$ Pa·s（室温水），压力边界条件 p_i=1MPa，p_o=0.1MPa。

本书所推导的泵出式液膜螺旋槽机械密封的压力分布解析计算结果与数值计算的对比如图 3-1 所示。从图中可以看出，在转速 N=3000r/min 的情况下，通过解析法与数值法得到的密封端面间液膜的压力分布[图 3-1(a)]吻合，均沿流体流动方向(密封环内侧至外侧)表现出先增大后减小的规律。同时，两种方法的计算结果均在槽根处获得了最大液膜压力，表明此类密封具有良好的动压效应。从具体数值上看，数值法的压力分布计算结果略小于解析法，这是由于数值计算考虑了螺旋槽机械密封沿周向的压力梯度，即计及了槽数的影响。开启力随转速的变化关系如图 3-1(b)所示，两种计算方法获得的开启力-转速曲线的变化趋势一致，数值接近，但数值计算的结果略小于解析法，这与图 3-1(a)的液膜压力分布规律相符。从对比分析结果来看，总体而言，本书所推导的泵出式液膜螺旋槽机械密封压力分布解析计算表达式可用于一般的工程计算。

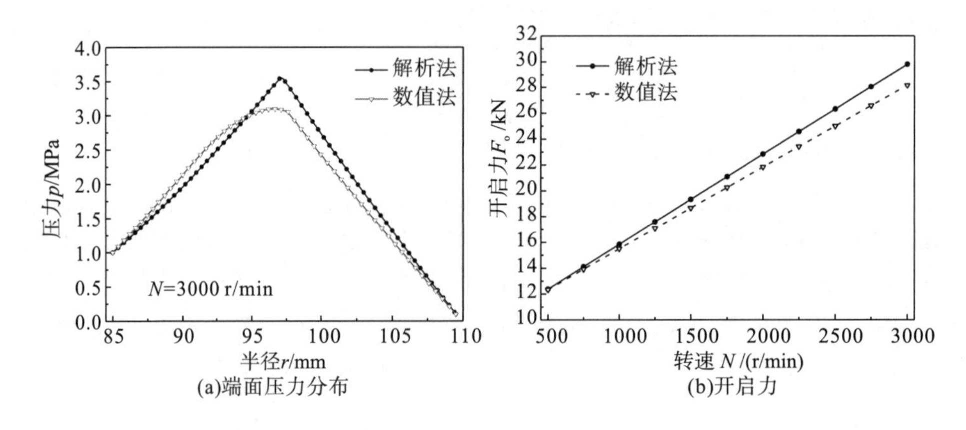

图 3-1 解析法与数值法计算结果对比

3.1.2 密封性能影响因素分析

以一具体的密封为例，通过解析法计算并分析操作参数和结构设计参数对密封性能的影响规律。除研究的参数外，各参数取下列数值：r_i=20mm，r_o=30mm，

r_g=27mm，即密封面宽 10mm，密封坝宽 B=3mm，密封坝占整个密封面宽度的比例 L_r=0.3。螺旋槽深 h_g=10μm，螺旋角 α=15°，台槽比 γ=1，非槽区膜厚 h_0=1.5μm，转速 N=1000r/min，介质动力黏度 $\mu=8.9\times10^{-4}$ Pa·s（室温水），边界条件 $p_i=p_o$=0MPa（表压）（为了便于单独考察流体的动压效应）。

1. 操作参数的影响

1）被密封介质压力即外边界压力 p_o 对液膜压力分布的影响

图 3-2 为在不同的被密封流体压力即边界压力 p_o 下，液膜压力沿半径方向的分布。从图中可以看出，螺旋槽部分表现出下凸上凹的分布曲线，反压系数 λ<0.5，而密封坝部分遵循直线分布。随着边界压力 p_o 的增加，槽坝交界处的压力也有所增加，但密封坝的压力差 $\Delta p=p_g-p_o$ 降低，即压力梯度降低。当交界压力等于被密封的介质压力时，即 $p_g=p_o$ 时，可以实现被密封介质的零泄漏。

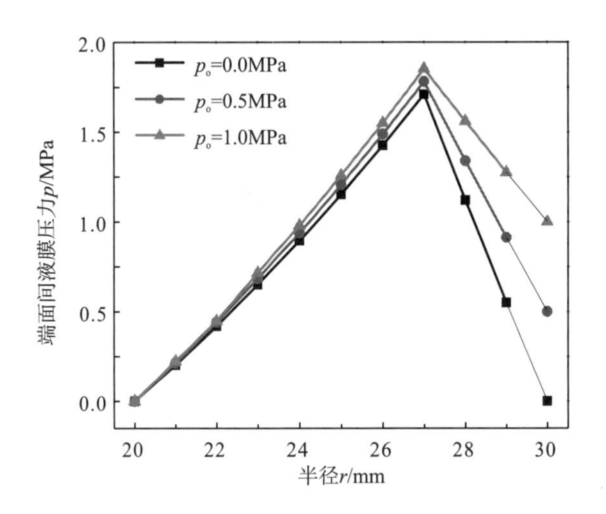

图 3-2　外边界压力 p_o 对端面间液膜压力分布的影响

2）液体黏度的影响

图 3-3 为液体黏度对密封端面开启力和液膜刚度的影响。从图中可以看出，随着介质黏度的降低，端面间液膜的开启力和液膜刚度迅速降低。这说明当液体黏度较低时，流体的动压效应小，密封难度较大。

3）轴转速的影响

图 3-4 为转速对密封端面开启力和液膜刚度的影响。密封端面开启力和液膜刚度随转速呈线性增加的趋势，且开启力的增加速率大于液膜刚度的增加速率。这表明随转速的增加，流体的动压效应增强。

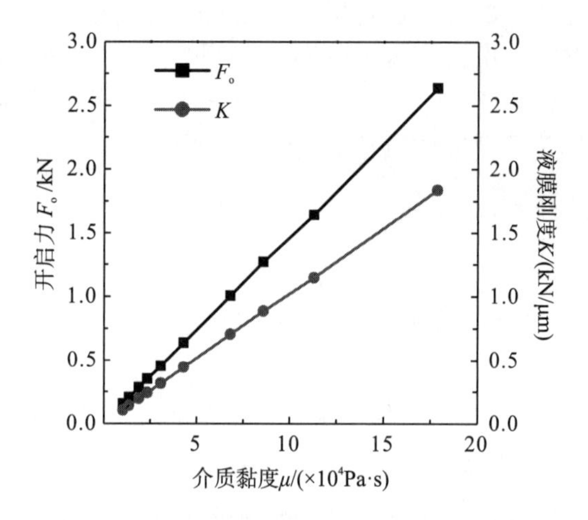

图 3-3　介质黏度对密封端面开启力和液膜刚度的影响

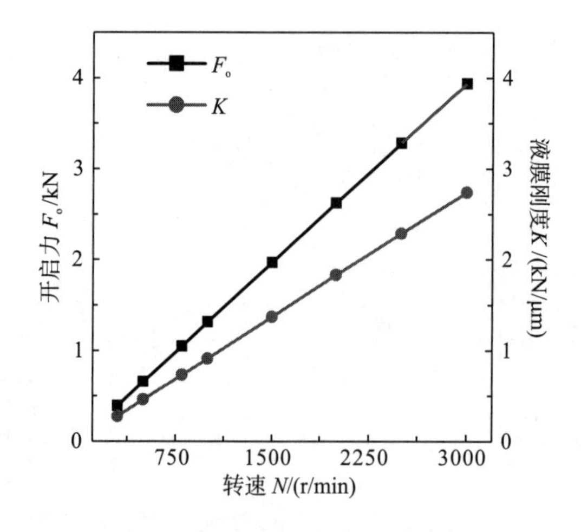

图 3-4　轴转速对密封端面开启力和液膜刚度的影响

4) 非槽区液膜厚度的影响

图 3-5 为非槽区液膜厚度 h_0 对密封开启力和液膜刚度的影响。从图中可以看出，它对密封性能有重要影响，随着非槽区膜厚 h_0 的增加，开启力和液膜刚度迅速下降。当液膜厚度在 1.0～1.5μm 时，液膜刚度有最大值。此外，它还决定密封的泄漏率或上游泵送速率。因此，若要保证液膜具有较大的开启力，则必须维持较小的非槽区膜厚 h_0，但要足以实现端面的非接触，其液膜厚度要能够使端面的微凸体不接触。这主要取决于端面加工的表面粗糙度水平，一般要求非槽区的液膜厚度大于 1μm。一般情况下，维持端面的非槽区液膜厚度在 1～1.5μm 是较为合理的。

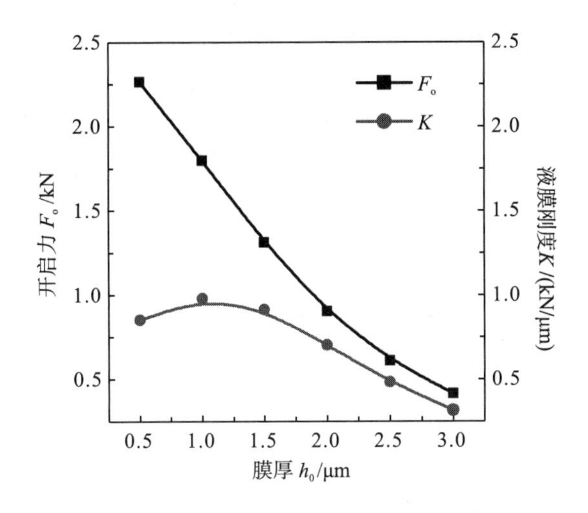

图 3-5　非槽区膜厚对开启力和液膜刚度的影响

2. 结构参数的影响

1) 槽深的影响

槽深 h_g 对密封开启力和液膜刚度的影响如图 3-6 所示，数据点为计算值，曲线为数据点的拟合曲线。从图中可以看出，槽深对密封性能的影响很大。当槽深 h_g 为 3～7μm 时，对应最大的液膜开启力和最大的液膜刚度；当槽深超过 50μm 时，流体动压产生的开启力和液膜刚度已变得微不足道了。

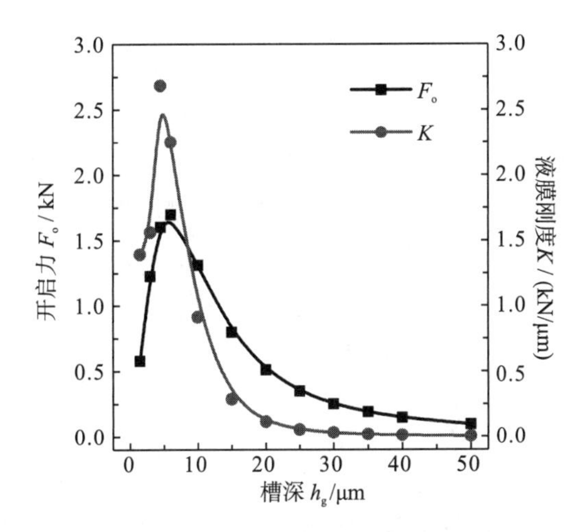

图 3-6　槽深对开启力和液膜刚度的影响

2) 螺旋角的影响

螺旋角对密封开启力和液膜刚度的影响如图 3-7 所示。从图中可以看出，当螺旋角小于 5°时，开启力和液膜刚度都很小，当液膜刚度在 α=5°～15°时较大，开启力在 α=5°～40°时有较大值。值得注意的是，由于解析法假设槽数无限多，当 α=90°时，即径向直线槽时，预测不能承受载荷，此时开启力和液膜刚度为零。但实际密封环不可能做到槽数无限，所以解析法不能解释直线槽能承受载荷的事实。事实上，槽数影响着螺旋角的作用规律。

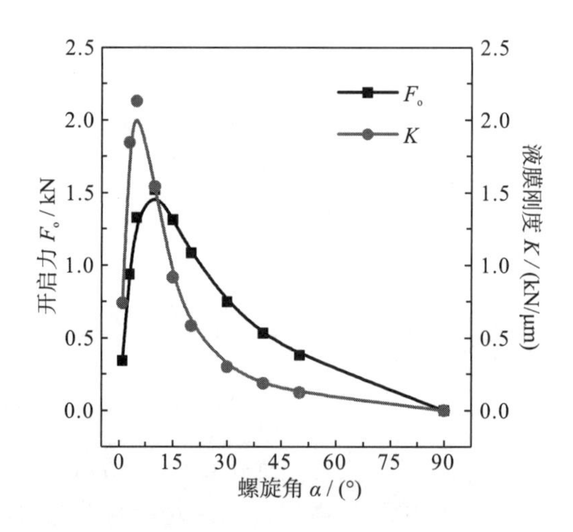

图 3-7　螺旋角对开启力和液膜刚度的影响

3) 台槽比的影响

在同一半径的一台一槽范围内，台的周向宽度与槽的周向宽度的比值 γ 简称为台槽比。γ=0，表示全为槽；γ=1，表示台宽等于槽宽；γ=∞，表示全为台。台槽比 γ 对密封端面开启力和液膜刚度的影响如图 3-8 所示。从图中可以看出，γ 对开启力和液膜刚度具有相反的影响规律：当开启力最大时，液膜刚度最小；当开启力降低时，液膜刚度增加。随着 γ 增加，液膜刚度增加的现象可以解释为，随着 γ 增加，台区份额增加，而台区由于液膜厚度较小而具有较大的液膜刚度，从而导致整体液膜刚度的增加，但当 γ 超过 3 时，液膜刚度的增量就不明显了。当 γ 为 0.75～1.25 时，开启力和液膜刚度均有较大值，实际应用的 γ 值大都在这一范围，一般可取 γ=1。

4) 密封坝宽的影响

密封坝宽占整个密封环宽度的比例为密封坝宽比 L_r 。L_r=1，表示全为密封坝而无槽区；L_r=0，表示密封环的槽为通槽，不存在密封坝。密封坝宽比 L_r 对密封开启力和液膜刚度的影响如图 3-9 所示。从图中可以看出，随着坝宽比 L_r 的增加，开启力和液膜刚度迅速下降，说明选取小的密封坝宽度有利于利用密封的流体动压效应。值得注意的是，密封端面不能没有密封坝。如果没有密封坝，那么就无法实现停车时的密封，且无密封坝或当密封坝很小时，开启力下降，这说明密封坝起到了限流升压的作用。一般情况下，可取 L_r=0.2～0.3。

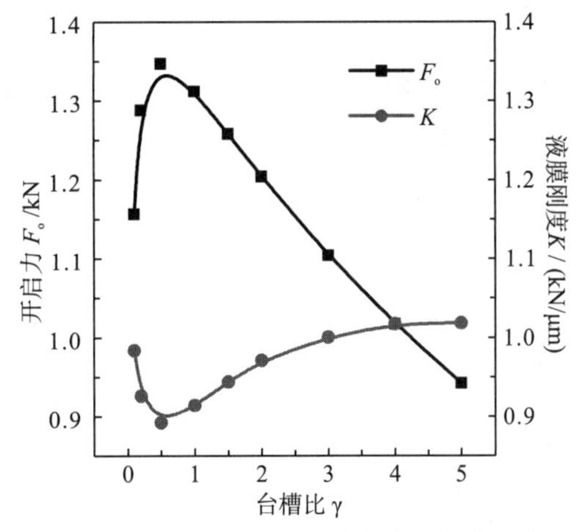

图 3-8　台槽比对开启力和液膜刚度的影响

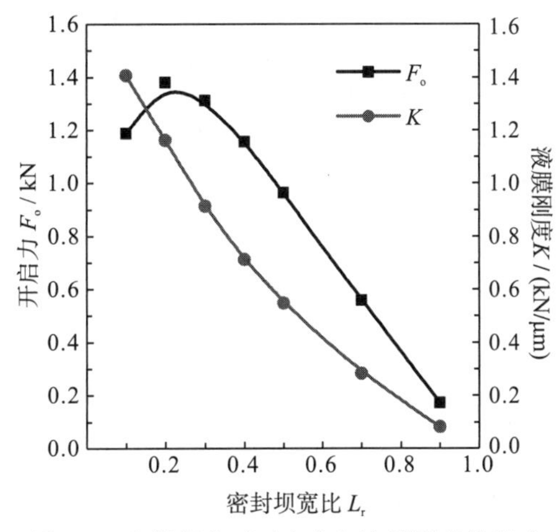

图 3-9　密封坝宽对开启力和液膜刚度的影响

3.2　泵入式(下游泵送)液体润滑螺旋槽机械密封

泵入式机械密封，其端面流体的流向是从外径处流向内径处，如图 2-8 所示。一般为下游泵送机械密封，即外侧高压机械密封。一般情况下，端面外侧开有螺旋槽，密封坝位于密封端面的内侧。某些特殊情况下，内侧液体的压力可高于外侧流体的压力，即内侧高压机械密封，此时为泵入式(上游泵送)机械密封。

3.2.1 密封性能计算

1. 液膜压力分布

根据 2.4 节的分析，泵入式螺旋槽机械密封液膜密封端面的压力分布如下。

开有螺旋槽部分(r_g～r_o)：

$$p(r)=p_o+\frac{3\mu\omega g_1}{h_0^2}\left(r_o^2-r^2\right)+\frac{h_0\left(p_g-p_i\right)g_2}{h_1\ln\left(\frac{r_g}{r_i}\right)}\ln\left(\frac{r}{r_o}\right) \tag{3-6}$$

未开槽的密封坝部分(r_i～r_g)：

$$p(r)=\frac{p_g-p_i}{\ln\left(\frac{r_g}{r_i}\right)}\cdot\ln(r)+\frac{p_i\ln\left(r_g\right)-p_g\ln\left(r_i\right)}{\ln\left(\frac{r_g}{r_i}\right)} \tag{3-7}$$

槽坝交界处压力：

$$p_g=\frac{p_o+\frac{3\mu\omega g_1}{h_0^2}\left(r_o^2-r_g^2\right)-\frac{h_0}{h_1}\frac{\ln\left(\frac{r_g}{r_o}\right)}{\ln\left(\frac{r_g}{r_i}\right)}g_2p_i}{1-\frac{h_0}{h_1}\frac{\ln\left(\frac{r_g}{r_o}\right)}{\ln\left(\frac{r_g}{r_i}\right)}g_2} \tag{3-8}$$

2. 密封端面开启力和液膜刚度

当求得密封端面液膜的压力分布后，泵入式螺旋槽液膜密封端面的开启力和液膜刚度的计算与泵出式相同，即分别为式(3-4)和式(3-5)。

3. 泄漏率

获得槽根处压力 p_g 后，根据密封环下游(环境)的介质压力 p_i 和非槽区膜厚 h_o,按第 2 章的式(2-26)可得液体通过密封坝形成的泄漏率为

$$S_t=\frac{\pi\rho h_0^3\left(p_g-p_i\right)}{6\mu\ln\left(\frac{r_g}{r_i}\right)}$$

4. 算例验证

与 3.1.1 节类似，为验证所推导的泵入式液膜机械密封端面压力分布表达式的正确性，选用数值计算结果为验证对象。验证案例参数：r_i=85mm，r_o=109.5mm，r_g=97.25mm，螺旋槽深 h_g=5μm，螺旋角 α=20°，台槽比 γ=1，非槽区膜厚 h_0=5μm，槽数 N_g=12，介质动力黏度 $\mu=8.9\times10^{-4}$Pa·s（室温水），压力边界条件 p_i=0.1MPa，p_o=1MPa。

泵入式液膜螺旋槽机械密封压力分布的解析计算结果与数值计算的结果对比如图 3-10 所示。从图中可以看出，当转速 N=3000r/min 时，解析法与数值法的径向压力分布计算结果的整体变化趋势一致，两种方法的计算结果均在槽根处获得了最大压力，表明在当前的工作条件下，此类密封具有良好的动压效应。从数值上看，数值法的压力分布计算结果略低于解析法，这是由于数值计算考虑了螺旋槽机械密封沿周向的压力梯度，即计及了槽数的影响。图 3-10(b) 显示两种研究方法计算的开启力-转速曲线的变化趋势一致，开启力的数值计算结果略小于解析法。因此，泵入式液膜螺旋槽机械密封的压力分布解析计算表达式(3-6)～式(3-8)是合理的。

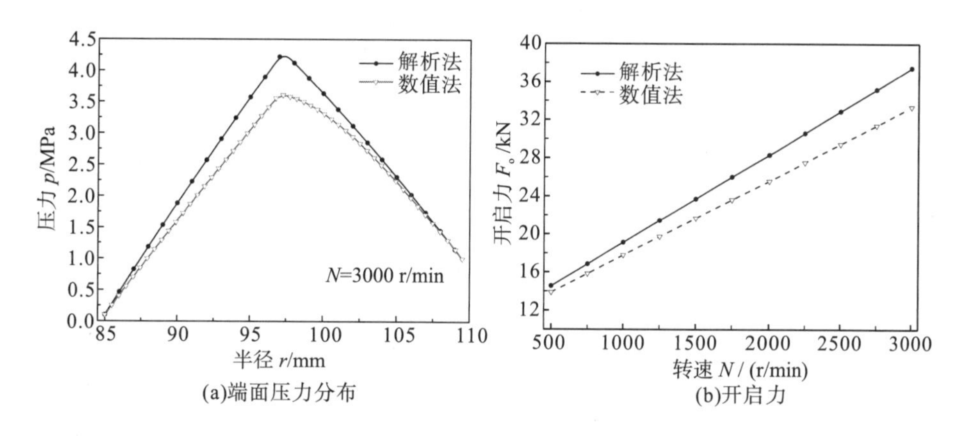

图 3-10 解析法与数值法计算结果对比

3.2.2 密封性能影响因素分析

以一具体的密封为例，通过解析法计算并分析操作参数和结构设计参数对泵入式机械密封性能的影响规律。除研究的参数外，各参数取下列数值：r_i=20mm，r_o=30mm，r_g=23mm，即密封面宽 10mm，密封坝宽 B=3mm，密封坝占整个密封面宽度的比例 L_r=0.3。螺旋槽深 h_g=10μm，螺旋角 α=15°，台槽比 γ=1.0，非槽区膜厚 h_0=1.5μm，转速 N=1000r/min，介质动力黏度 $\mu=8.9\times10^{-4}$ Pa·s（室温水），边界

条件 $p_i=p_o=0$ MPa（表压）(为了便于单独考察流体的动压效应)。该案例的密封参数与泵出式的基本相同，只是螺旋槽开在外侧(r_g～r_o)，密封坝在内侧(r_i～r_g)。

1. 操作参数的影响

1) 被密封介质压力即外边界压力 p_o 对液膜压力分布的影响

外开槽泵入式(下游泵送)机械密封的密封环外侧为高压区，密封环内侧为低压区或大气环境。图 3-11 为该类机械密封在不同边界压力 p_o 下，液膜压力沿径向的分布。从图中可以看出，螺旋槽部分按上凸下凹分布，反压系数 $\lambda>0.5$。在同样的条件下，外开槽密封环的液膜压力大于内开槽密封环的液膜压力，具有较大的流体动压效果。

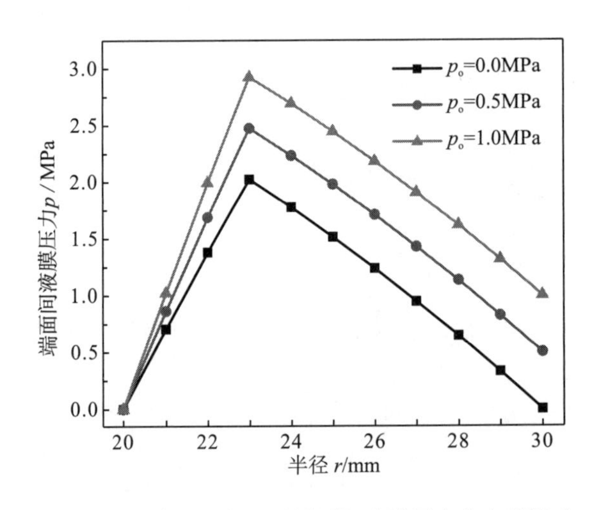

图 3-11 外边界压力 p_o 对端面间液膜压力分布的影响

2) 液体黏度的影响

图 3-12 为泵入式(外开槽)螺旋槽机械密封的液体黏度对密封端面开启力和液膜刚度的影响，并与泵出式(内开槽)的情况进行了对比。从图中可以看出，随着介质黏度的降低，开启力和液膜刚度迅速降低，说明当液体黏度较低时，流体的动压效应小，密封难度大。同时可以看出，外开槽密封端面的开启力和液膜刚度均大于内开槽密封环的情形。

3) 轴转速的影响

图 3-13 为转速对泵入式(外开槽)螺旋槽的开启力和液膜刚度的影响，并与泵出式(内开槽)的情况进行了比较。从图中可以看出，密封端面开启力和液膜刚度随转速线性增加，且开启力的增加速率大于液膜刚度的增加速率，表明随转速的增加，流体的动压效应增强。泵入式(外开槽)的端面开启力和液膜刚度大于泵出式(内开槽)的情况。

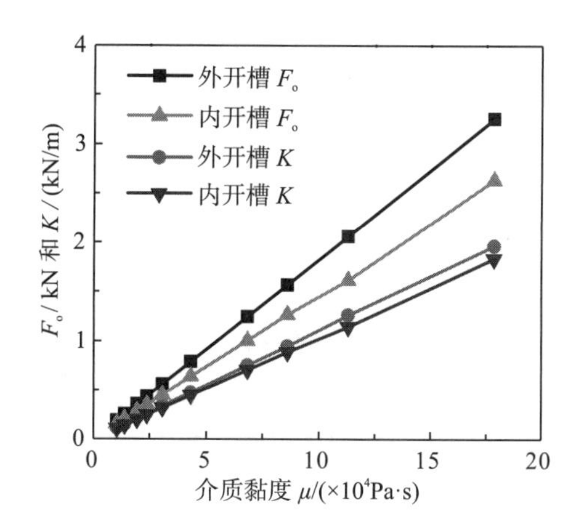

图 3-12 介质黏度对密封端面的开启力和液膜刚度的影响

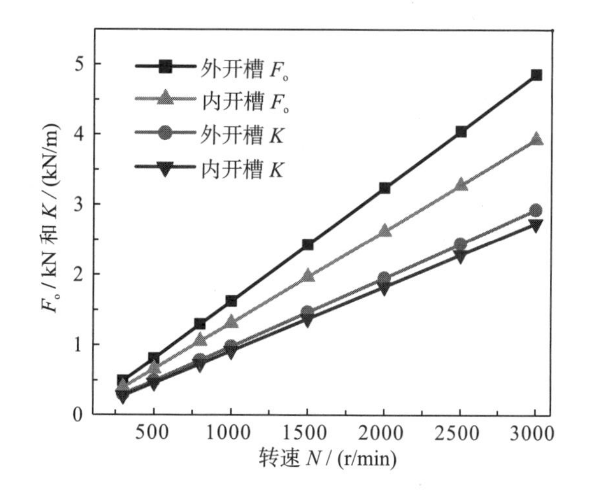

图 3-13 转速对密封端面开启力和液膜刚度的影响

4）非槽区液膜厚度的影响

图 3-14 为泵入式（外开槽）螺旋槽机械密封非槽区液膜厚度 h_0 对密封端面开启力和液膜刚度的影响，并与泵出式（内开槽）螺旋槽机械密封的情况进行了对比。从图中可以看出，非槽区液膜厚度 h_0 对端面开启力和液膜刚度有重要影响。随着非槽区膜厚 h_0 的增加，开启力和液膜刚度迅速下降。当液膜厚度在 1.0～1.5μm 时，液膜刚度有最大值。因此，要有较大的开启力，必须维持较小的非槽区膜厚，但要实现端面的非接触，其膜厚要能够使端面的微突体不接触。这主要取决于端面加工的表面粗糙度水平，一般要求其膜厚大于 1μm。一般情况下，维持端面的非槽区膜厚在 1～1.5μm 是合理的。泵入式（外开槽）机械密封的开启力较大。

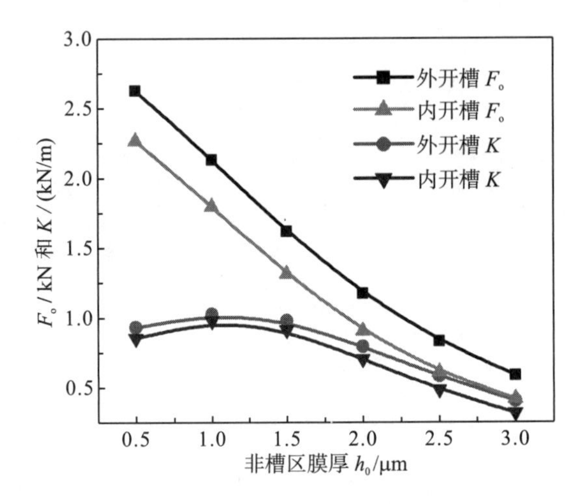

图 3-14 非槽区膜厚对密封端面开启力和液膜刚度的影响

2. 结构参数的影响

1) 槽深的影响

槽深 h_g 对泵入式(外开槽)螺旋槽机械密封端面开启力和液膜刚度的影响如图 3-15 所示。从图中可以看出，它对端面开启力和液膜刚度的影响很大。当槽深 h_g 为 5～10μm 时，对应较大的液膜开启力和较大的液膜刚度；当槽深超过 50μm 时，流体动压产生的开启力和液膜刚度已变得微不足道了。与泵出式的情况(图 3-6)相比，泵入式(外开槽)螺旋槽机械密封具有较大的开启力和液膜刚度。

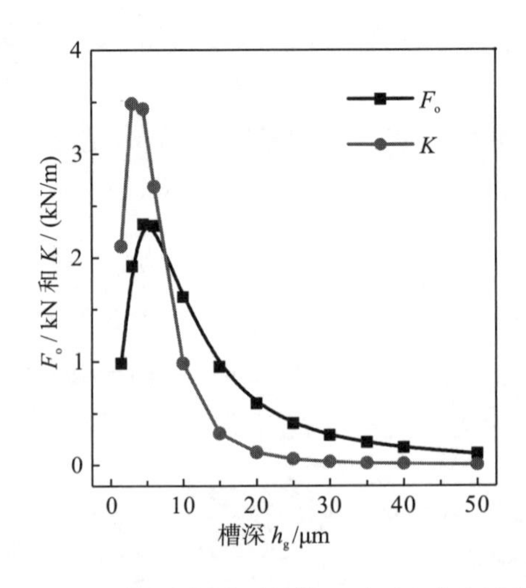

图 3-15 泵入式(外开槽)密封端面的槽深对开启力和液膜刚度的影响

2) 螺旋角的影响

螺旋角 α 对泵入式(外开槽)螺旋槽机械密封的端面开启力和液膜刚度的影响如图 3-16 所示。从图中可以看出，当螺旋角小于 3°时，开启力和液膜刚度都很小，液膜刚度在 α=3°～15°时较大，开启力在 α=3°～40°时都有较大值。

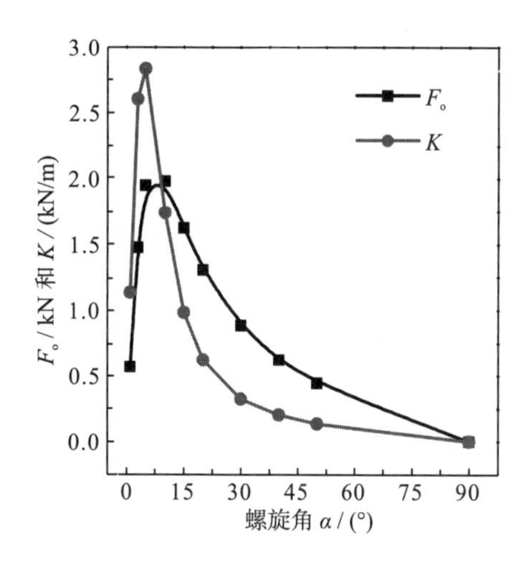

图 3-16　泵入式(外开槽)密封环螺旋角对开启力和液膜刚度的影响

3) 台槽比的影响

与泵出式(内开槽)类似，泵入式(外开槽)螺旋槽机械密封的台槽比 γ 对密封端面开启力和液膜刚度有一定的影响(图 3-17)。当 γ=0.75～1.25 时，开启力和液膜刚度均有较大值，实际应用的 γ 值大都在这一范围，一般可取 γ=1。

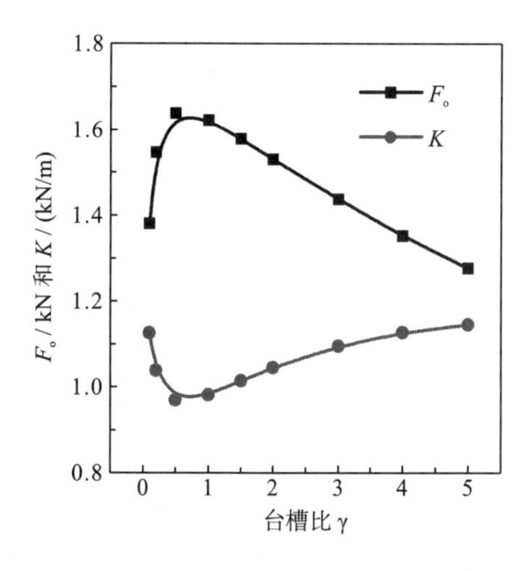

图 3-17　泵入式(外开槽)密封端面的台槽比对开启力和液膜刚度的影响

4) 密封坝宽的影响

与泵出式(内开槽)类似，泵入式(外开槽)螺旋槽机械密封的密封坝宽比 L_r 对密封开启力和液膜刚度的影响规律为：随着 L_r 的增加，开启力和液膜刚度迅速下降，这说明选取小的密封坝宽有利于利用密封流体的动压效应(图 3-18)。值得注意的是，不能没有密封坝。如果没有密封坝，那么就无法实现停车时的密封，且无密封坝或当密封坝很小时，开启力下降，这说明密封坝起到了限流升压的作用。一般情况下，可取 L_r=0.2～0.3。

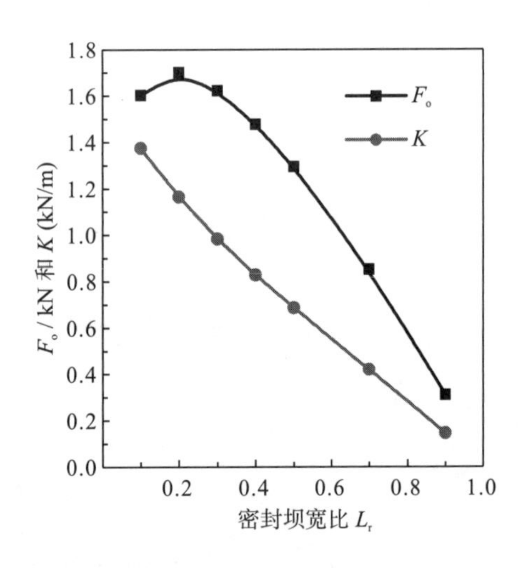

图 3-18 泵入式(外开槽)密封的密封坝宽比对开启力和液膜刚度的影响

3.3 存在气液界面的螺旋槽机械密封及其流体膜特性

3.3.1 “零压差零泄漏”模型

泵出式(端面内侧开槽)和泵入式(端面外侧开槽)机械密封将流体引入端面，在提高端面液膜刚度的同时，也提高了端面和槽坝交界处的压力，结果使得机械密封的泄漏量增加，故传统非接触机械密封都具有较大的泄漏量。1984 年，Etsion 提出了“零泄漏”非接触机械密封的概念[1]，发明了圆弧槽机械密封。1993 年，Lai 研制了几种包括单螺旋槽、人字形、Y 字形在内的非接触无泄漏液膜机械密封[2]，并成功地用于工业实践，但未提出密封原理和计算方法。

将非接触机械密封用于液相时，在实现非接触的同时能够实现零泄漏的实验事实，基于此本书作者首次明确提出了“零压差零泄漏”密封的观点，认为密封端面能够存在气液分界面，并发明了如图 3-19 所示的内外双螺旋槽端面结构[3]。

利用窄槽理论，可以分别得出该结构机械密封内装、外装时气液分界面半径的解析表达式、全液体润滑的临界转速、全气体润滑的临界转速及工作转速下允许的最大开槽深度等。

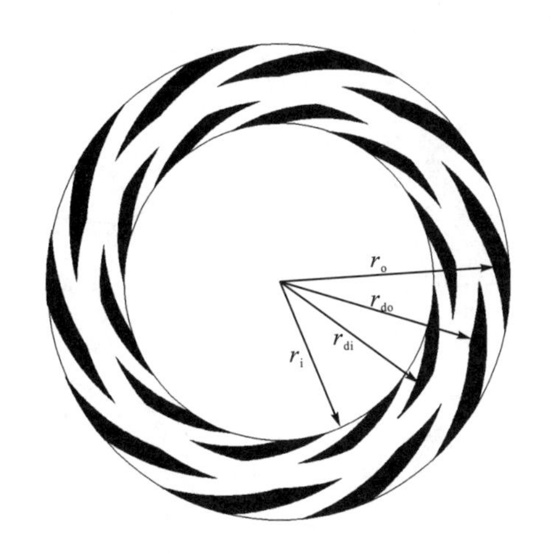

图 3-19　零压差零泄漏非接触机械密封的内外双螺旋槽端面结构

本书作者提出的这种可实现“零压差零泄漏”的密封端面结构(图 3-19)，端面的内外两侧开有两组同向螺旋槽，中间为一没有开槽的环带密封坝。按内装(泵出)式上游泵送使用时，其内径侧多半暴露于大气，外径侧与被密封的液体介质接触，当密封运转时，由于螺旋槽的泵送作用，内侧气体可能被泵入端面，形成一气液分界面。当气液分界面半径小于内半径 r_i 时，机械密封处于通常的泄漏状态；当气液分界面半径大于外半径 r_o 时，表明气体将被泵入密封腔内。按外装(泵入)式上游泵送(介质从低压输送到高压)使用时，其外径侧暴露于大气，内径侧与被密封的液体介质接触，当密封运转时，由于螺旋槽的泵送作用，外径侧气体可能被泵入端面，形成一气液分界面。当气液分界面半径大于外半径 r_o 时，机械密封处于通常的泄漏状态；当气液分界面半径小于内半径 r_i 时，表明气体将被泵入密封腔内；当气液分界面半径处于内外半径之间，则密封处于零泄漏状态。这说明气液分界面的确定取决于端面的膜压分布。

将图 3-19 的结构进行简化或演变就能得到众多的密封结构。例如，取消外槽则得到上游泵送槽结构，见图 3-20(a)；在此基础上，再将密封坝移至密封环的内外边缘即可得到螺旋槽内置机械密封端面，见图 3-20(b)，这种端面结构曾用于液钠泵的密封环，将图 3-19 的内螺旋槽取消，即可得到用于气体密封的最常见结构；将一侧螺旋线反向，密封坝移至密封环内外侧即为人字形或 Y 字形密封环结构，如图 3-20(c)和图 3-20(d)所示。

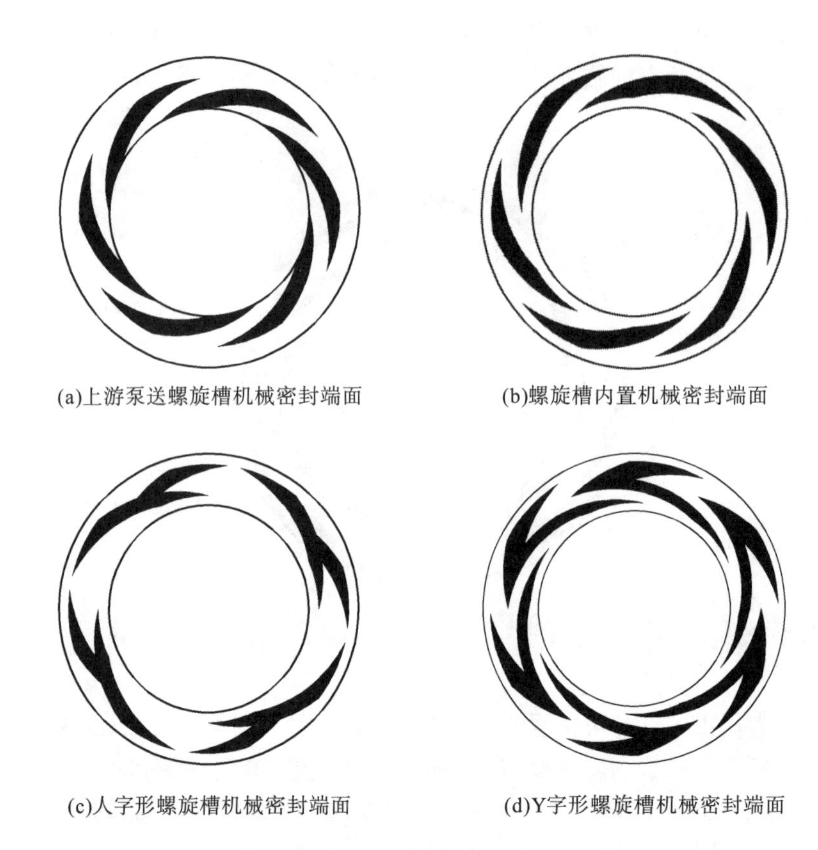

图 3-20 内外双槽机械密封结构简化与演变

3.3.2 端面间流体膜的压力分布

1. 结构“内装”时端面间流体膜的压力分布

图 3-21(a)为结构内装时端面间流体膜的压力分布示意图，具体的膜压分布规律可根据第 2 章的理论确定。在半径为 r 处取宽为 dr 的圆环，当 dr 趋于无限小且槽数足够多时，其展开后可看作一平行槽模型，在无径向流动(零泄漏)时，这一圆环带上所产生的压力增量为 dp，根据窄槽理论推导的泵出式螺旋槽机械密封槽区的压力分布表达式［式(2-56)］，并考虑泄漏率 S_t=0，即可得 dp 与 dr 的关系为

$$\frac{\mathrm{d}p}{\mathrm{d}r}=\frac{6\mu\omega g_1}{h_0^2}\cdot r \tag{3-9}$$

根据式(3-9)即可计算端面间的流体膜压力分布。

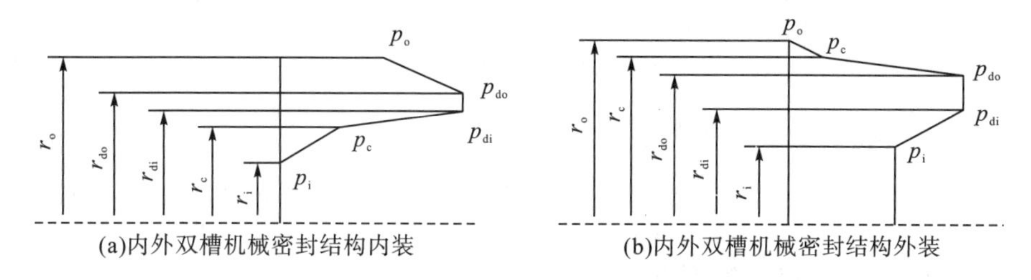

图 3-21　内外双槽机械密封端面间的流体膜压力分布示意图

1) 气液界面半径 r_c 处于内槽区 ($r_i \leqslant r_c \leqslant r_{di}$)

当气液分界面半径 r_c 处于内槽区时，端面间流体膜的压力分布如图 3-21 (a) 所示。此时内槽区里的一部分为气体，一部分为液体，而密封坝区和外槽区均为液体。流体膜压力分布的表达式如下。

(1) 当 $r_i \leqslant r \leqslant r_c$ 时 (内槽区气体段)，有

$$p = p_i + \frac{6\mu_g \omega g_1}{h_0^2}\frac{1}{2}\left(r^2 - r_i^2\right) \tag{3-10}$$

式中，p_i 为内槽内侧介质的压力，如处于大气环境，p_i=0；μ_g 为气体的动力黏度；r_i 为密封环的内半径；其他符号意义同前。

(2) 当 $r_c \leqslant r \leqslant r_{di}$ 时 (内槽区液体段)，有

$$p = p_i + \frac{6\mu_g \omega g_1}{h_0^2}\frac{1}{2}\left(r_c^2 - r_i^2\right) + \frac{6\mu_l \omega g_1}{h_0^2}\frac{1}{2}\left(r^2 - r_c^2\right) \tag{3-11}$$

式中，μ_l 为液体介质的动力黏度；r_c 为气液分界面的半径；其他符号意义同前。

(3) 当 $r_{do} \leqslant r \leqslant r_o$ 时 (外槽液体)，有

$$p = p_o - \frac{6\mu_l \omega g_1}{h_0^2}\frac{1}{2}\left(r_o^2 - r^2\right) \tag{3-12}$$

式中，p_o 为外槽外侧介质 (被密封介质) 的压力；r_o 为密封环的外半径。

(4) 当 $r_{di} \leqslant r \leqslant r_{do}$ 时，即处于中间的密封坝区。由于没有槽的增减压作用，且处于流体膜润滑状态，可认为介质压力相等，即等于内侧流体压力 p_{di} 或等于外侧介质压力 p_{do}，据此可确定气液分界半径 r_c。

2) 气液界面半径处于外槽区 ($r_{di} \leqslant r_c \leqslant r_o$)

当气液分界面半径 r_c 处于外槽区时，内槽区和密封坝区均为气体，而外槽区里的一部分为气体、一部分为液体。流体膜压力分布的表达式如下。

(1) 当 $r_i \leqslant r \leqslant r_{di}$ 时 (内槽气体)，有

$$p = p_i + \frac{6\mu_g \omega g_1}{h_0^2}\frac{1}{2}\left(r^2 - r_i^2\right) \tag{3-13}$$

(2) 当 $r_{di} \leqslant r \leqslant r_{do}$ 时 (密封坝区)，此时压力不变，既等于内槽增压的终了压力也等于外槽减压的终了压力，有

$$p = p_{\mathrm{i}} + \frac{6\mu_{\mathrm{g}}\omega g_1}{h_0^2}\frac{1}{2}\left(r_{\mathrm{di}}^2 - r_{\mathrm{i}}^2\right) \tag{3-14}$$

(3) 当 $r_{\mathrm{c}} \leqslant r \leqslant r_{\mathrm{o}}$ 时(外槽区液体段)，有

$$p = p_{\mathrm{o}} - \frac{6\mu_{\mathrm{l}}\omega g_1}{h_0^2}\frac{1}{2}\left(r_{\mathrm{o}}^2 - r^2\right) \tag{3-15}$$

(4) 当 $r_{\mathrm{do}} \leqslant r \leqslant r_{\mathrm{c}}$ 时(外槽区气体段)，有

$$p = p_{\mathrm{o}} - \frac{6\mu_{\mathrm{l}}\omega g_1}{h_0^2}\frac{1}{2}\left(r_{\mathrm{o}}^2 - r_{\mathrm{c}}^2\right) - \frac{6\mu_{\mathrm{g}}\omega g_1}{h_0^2}\frac{1}{2}\left(r_{\mathrm{c}}^2 - r^2\right) \tag{3-16}$$

2. 结构“外装”时端面间流体膜的压力分布

图 3-21(b)为结构“外装”时端面间流体膜的压力分布示意图，在无径向流动(零泄漏)时，根据窄槽理论推导的泵入式螺旋槽机械密封槽区的压力分布表达[式(2-57)]，并考虑泄漏率 $S_{\mathrm{t}}=0$，可得微圆环 dr 上的压力增量 dp 与 dr 的关系为

$$\frac{\mathrm{d}p}{\mathrm{d}r} = -\frac{6\mu\omega g_1}{h_0^2}\cdot r \tag{3-17}$$

式中，“-”表示 dp 的方向与 dr 的方向相反。

根据式(3-17)即可计算结构外装时，端面间的流体膜压力分布。

1) 气液界面半径 r_{c} 处于外槽区(即 $r_{\mathrm{do}} \leqslant r_{\mathrm{c}} \leqslant r_{\mathrm{o}}$)

当气液分界面半径 r_{c} 处于外槽区时，压力分布如图 3-21(b)所示。此时外槽区里的一部分为气体，一部分为液体，而密封坝区和内槽区均为液体。流体膜压力分布的表达式如下。

(1) 当 $r_{\mathrm{c}} \leqslant r \leqslant r_{\mathrm{o}}$ 时(外槽区气体段)，有

$$p = p_{\mathrm{o}} + \frac{6\mu_{\mathrm{g}}\omega g_1}{h_0^2}\frac{1}{2}\left(r_{\mathrm{o}}^2 - r^2\right) \tag{3-18}$$

式中，p_{o} 为外槽外侧介质的压力，如处于大气环境，$p_{\mathrm{o}}=0$；其他符号意义同前。

(2) 当 $r_{\mathrm{do}} \leqslant r \leqslant r_{\mathrm{c}}$ 时(外槽区液体段)，有

$$p = p_{\mathrm{o}} + \frac{6\mu_{\mathrm{g}}\omega g_1}{h_0^2}\frac{1}{2}\left(r_{\mathrm{o}}^2 - r_{\mathrm{c}}^2\right) + \frac{6\mu_{\mathrm{l}}\omega g_1}{h_0^2}\frac{1}{2}\left(r_{\mathrm{c}}^2 - r^2\right) \tag{3-19}$$

式中，符号意义同前。

(3) 当 $r_{\mathrm{i}} \leqslant r \leqslant r_{\mathrm{di}}$ 时(内槽液体)，有

$$p = p_{\mathrm{i}} - \frac{6\mu_{\mathrm{l}}\omega g_1}{h_0^2}\frac{1}{2}\left(r^2 - r_{\mathrm{i}}^2\right) \tag{3-20}$$

式中，p_{i} 为内槽内侧介质(被密封介质)的压力。

(4) 当 $r_{\mathrm{di}} \leqslant r \leqslant r_{\mathrm{do}}$ 时，即处于中间的密封坝区，由于没有槽的增减压作用，且处于流体膜润滑状态，可认为介质压力相等，即等于内侧流体压力 p_{di} 或等于外侧介质压力 p_{do}。据此可确定气液分界半径 r_{c}。

2) 气液界面半径处于内槽区($r_i \leqslant r_c \leqslant r_{di}$)

当气液分界面半径 r_c 处于内槽区时，外槽区和密封坝区均为气体，而内槽区里的一部分为气体，一部分为液体。流体膜压力分布的表达式如下。

(1) 当 $r_{do} \leqslant r \leqslant r_o$ 时(外槽气体)，有

$$p = p_o + \frac{6\mu_g \omega g_1}{h_0^2}\frac{1}{2}\left(r_o^2 - r^2\right) \tag{3-21}$$

(2) 当 $r_{di} \leqslant r \leqslant r_{do}$ 时(密封坝区)，此时其压力不变，既等于外槽增压终了压力也等于内槽减压终了压力，即

$$p = p_o + \frac{6\mu_g \omega g_1}{h_0^2}\frac{1}{2}\left(r_o^2 - r_{do}^2\right) \tag{3-22}$$

(3) 当 $r_i \leqslant r \leqslant r_c$ 时(内槽区液体段)，有

$$p = p_i - \frac{6\mu_l \omega g_1}{h_0^2}\frac{1}{2}\left(r^2 - r_i^2\right) \tag{3-23}$$

(4) 当 $r_{do} \leqslant r \leqslant r_c$ 时(内槽区气体段)，有

$$p = p_i - \frac{6\mu_l \omega g_1}{h_0^2}\frac{1}{2}\left(r_c^2 - r_i^2\right) - \frac{6\mu_g \omega g_1}{h_0^2}\frac{1}{2}\left(r^2 - r_c^2\right) \tag{3-24}$$

3.3.3　气液分界面半径

1. 密封“内装”时气液分界面的计算

假设 r_c 处于内槽区，即 $r_i \leqslant r_c \leqslant r_{di}$，密封坝内侧 r_{di} 处的压力 p_{di} 根据式(3-11)得

$$p_{di} = p_i + \frac{6\mu_g \omega g_1}{h_0^2}\frac{1}{2}\left(r_c^2 - r_i^2\right) + \frac{6\mu_l \omega g_1}{h_0^2}\frac{1}{2}\left(r_{di}^2 - r_c^2\right) \tag{3-25}$$

密封坝区外侧处 p_{do} 的压力可根据式(3-12)得

$$p_{do} = p_o - \frac{6\mu_l \omega g_1}{h_0^2}\frac{1}{2}\left(r_o^2 - r_{do}^2\right) \tag{3-26}$$

根据密封坝两侧压力相等，即 p_{di}=p_{do}，由式(3-25)和式(3-26)得

$$r_c = \sqrt{\frac{h_0^2\left(p_i - p_o\right)}{3\left(\mu_l - \mu_g\right)\omega g_1} + \frac{\mu_l\left(r_o^2 + r_{di}^2 - r_{do}^2\right) - \mu_g r_i^2}{\mu_l - \mu_g}} \tag{3-27}$$

根据式(3-27)计算，若其根号内为负数，说明气液分界半径已处于外槽区。此时，根据式(3-13)可得密封坝内侧的压力 p_{di} 为

$$p_{di} = p_i + \frac{6\mu_g \omega g_1}{h_0^2}\frac{1}{2}\left(r_{di}^2 - r_i^2\right) \tag{3-28}$$

根据式(3-16)可得密封坝外侧 R_{do} 处的压力 p_{do} 为

$$p_{\mathrm{do}} = p_{\mathrm{o}} - \frac{6\mu_{\mathrm{l}}\omega g_{1}}{h_{0}^{2}}\frac{1}{2}\left(r_{\mathrm{o}}^{2} - r_{\mathrm{c}}^{2}\right) - \frac{6\mu_{\mathrm{g}}\omega g_{1}}{h_{0}^{2}}\frac{1}{2}\left(r_{\mathrm{c}}^{2} - r_{\mathrm{do}}^{2}\right) \tag{3-29}$$

根据密封坝两侧压力相等，即 $p_{\mathrm{di}}=p_{\mathrm{do}}$，由式(3-28)和式(3-29)得

$$r_{\mathrm{c}} = \sqrt{\frac{h_{0}^{2}\left(p_{\mathrm{i}} - p_{\mathrm{o}}\right)}{3\left(\mu_{\mathrm{l}} - \mu_{\mathrm{g}}\right)\omega g_{1}} + \frac{\mu_{\mathrm{l}} r_{\mathrm{o}}^{2} - \mu_{\mathrm{g}}\left(r_{\mathrm{i}}^{2} + r_{\mathrm{do}}^{2} - r_{\mathrm{di}}^{2}\right)}{\mu_{\mathrm{l}} - \mu_{\mathrm{g}}}} \tag{3-30}$$

2. 密封“外装”时气液分界面的计算

假设 r_{c} 处于外槽区，即 $r_{\mathrm{do}} \leqslant r_{\mathrm{c}} \leqslant r_{\mathrm{o}}$，密封坝外侧 r_{do} 处的压力 p_{do} 根据式(3-19)得

$$p_{\mathrm{do}} = p_{\mathrm{o}} + \frac{6\mu_{\mathrm{g}}\omega g_{1}}{h_{0}^{2}}\frac{1}{2}\left(r_{\mathrm{o}}^{2} - r_{\mathrm{c}}^{2}\right) + \frac{6\mu_{\mathrm{l}}\omega g_{1}}{h_{0}^{2}}\frac{1}{2}\left(r_{\mathrm{c}}^{2} - r_{\mathrm{do}}^{2}\right) \tag{3-31}$$

密封坝内侧压力 p_{di} 根据式(3-20)得

$$p_{\mathrm{di}} = p_{\mathrm{i}} - \frac{6\mu_{\mathrm{l}}\omega g_{1}}{h_{0}^{2}}\frac{1}{2}\left(r_{\mathrm{di}}^{2} - r_{\mathrm{i}}^{2}\right) \tag{3-32}$$

根据密封坝内外两侧的压力相等，即 $p_{\mathrm{do}}=p_{\mathrm{di}}$，由式(3-31)和式(3-32)得

$$r_{\mathrm{c}} = \sqrt{\frac{h_{0}^{2}\left(p_{\mathrm{i}} - p_{\mathrm{o}}\right)}{3\omega g_{1}\left(\mu_{\mathrm{l}} - \mu_{\mathrm{g}}\right)} + \frac{\mu_{\mathrm{l}}\left(r_{\mathrm{i}}^{2} + r_{\mathrm{do}}^{2} - r_{\mathrm{di}}^{2}\right) - \mu_{\mathrm{g}} r_{\mathrm{o}}^{2}}{\mu_{\mathrm{l}} - \mu_{\mathrm{g}}}} \tag{3-33}$$

根据式(3-33)计算，若其根号内为负数，说明气液分界半径已处于内槽区。此时，根据式(3-21)可得密封坝外侧的介质压力 p_{do} 为

$$p_{\mathrm{do}} = p_{\mathrm{o}} + \frac{6\mu_{\mathrm{g}}\omega g_{1}}{h_{0}^{2}}\frac{1}{2}\left(r_{\mathrm{o}}^{2} - r_{\mathrm{do}}^{2}\right) \tag{3-34}$$

根据式(3-24)可得密封坝内侧的介质压力为

$$p_{\mathrm{di}} = p_{\mathrm{i}} - \frac{6\mu_{\mathrm{l}}\omega g_{1}}{h_{0}^{2}}\frac{1}{2}\left(r_{\mathrm{c}}^{2} - r_{\mathrm{i}}^{2}\right) - \frac{6\mu_{\mathrm{g}}\omega g_{1}}{h_{0}^{2}}\frac{1}{2}\left(r_{\mathrm{di}}^{2} - r_{\mathrm{c}}^{2}\right) \tag{3-35}$$

根据密封坝内外两侧的压力相等，即 $p_{\mathrm{do}}=p_{\mathrm{di}}$，由式(3-34)和式(3-35)得

$$r_{\mathrm{c}} = \sqrt{\frac{h_{0}^{2}\left(p_{\mathrm{i}} - p_{\mathrm{o}}\right)}{3\omega g_{1}\left(\mu_{\mathrm{l}} - \mu_{\mathrm{g}}\right)} + \frac{\mu_{\mathrm{l}} r_{\mathrm{i}}^{2} - \mu_{\mathrm{g}}\left(r_{\mathrm{o}}^{2} + r_{\mathrm{di}}^{2} - r_{\mathrm{do}}^{2}\right)}{\mu_{\mathrm{l}} - \mu_{\mathrm{g}}}} \tag{3-36}$$

3.3.4 零泄漏的最低转速和最高转速

1. 密封“内装”时零泄漏的最低转速和最高转速

密封“内装”时，如果计算所得的气液分界面半径 r_{c} 小于密封环的内半径 r_{i}，表明密封处于通常的泄漏状况，随转速的增加，r_{c} 增大。当 $r_{\mathrm{c}}=r_{\mathrm{i}}$ 时，密封处于零

泄漏的临界状况，此时的转速为零泄漏的最低转速，此后随转速的增加，r_c 继续增大，密封仍处于零泄漏状态。当 $r_c=r_o$ 时，密封端面间为气体，密封处于将气体泵入密封腔的临界状态，此时的转速为零泄漏的最高转速。随转速的继续增加，下游气体将被泵入密封腔内，密封处于完全的气膜润滑状况。

根据式(3-27)，令 $r_c=r_i$ 可得零泄漏的最低转速：

$$N_{\min}=\frac{60}{2\pi}\omega_{\min}=\frac{10h_0^2\left(p_i-p_o\right)}{\pi g_1\mu_1\left(r_i^2+r_{do}^2-r_o^2-r_{di}^2\right)} \tag{3-37}$$

根据式(3-30)，令 $r_c=r_o$ 可得零泄漏的最高转速：

$$N_{\max}=\frac{60}{2\pi}\omega_{\max}=\frac{10h_0^2\left(p_i-p_o\right)}{\pi g_1\mu_g\left(r_i^2+r_{do}^2-r_{di}^2-r_o^2\right)} \tag{3-38}$$

2. 密封“外装”时零泄漏的最低转速和最高转速

密封“外装”时，如果计算所得的气液分界面半径 r_c 大于密封环的外半径 r_o，表明密封处于通常的泄漏状况，随转速的增加，r_c 减少，当 $r_c=r_o$ 时，密封处于零泄漏的临界状况，此时的转速为零泄漏的最低转速，此后随转速的增加，r_c 继续减小，密封仍处于零泄漏状态。当 $r_c=r_i$ 时，密封端面间为气体，密封处于将气体泵入密封腔的临界状态，此时的转速为零泄漏的最高转速，随转速的继续增加，外侧气体将被泵入密封腔内，密封处于完全的气膜润滑状况。

根据式(3-33)，令 $r_c=r_o$ 可得零泄漏的最低转速：

$$N_{\min}=\frac{60}{2\pi}\omega_{\min}=\frac{10h_0^2\left(p_i-p_o\right)}{\pi g_1\mu_1\left(r_o^2-r_i^2-r_{do}^2+r_{di}^2\right)} \tag{3-39}$$

根据式(3-36)，令 $r_c=r_i$ 可得零泄漏的最高转速：

$$N_{\max}=\frac{60}{2\pi}\omega_{\max}=\frac{10h_0^2\left(p_i-p_o\right)}{\pi g_1\mu_g\left(r_o^2-r_i^2-r_{do}^2+r_{di}^2\right)} \tag{3-40}$$

3.3.5　给定工作转速下的最大允许开槽深度

1. 密封“内装”时的最大允许开槽深度

密封“内装”时，当工作参数确定以后，理论上实现零泄漏的最大允许开槽深度 $h_{\max}$ 可由式(3-27)算出。在式(3-27)中，令 $r_c=r_i$ 得

$$r_i=\sqrt{\frac{h_0^2\left(p_i-p_o\right)}{3\mu_1\omega g_1}+\left(r_o^2+r_{di}^2-r_{do}^2\right)} \tag{3-41}$$

即

$$F_1(H)=r_{\mathrm{i}}-\sqrt{\frac{h_0^2\left(p_{\mathrm{i}}-p_{\mathrm{o}}\right)}{3\mu_1\omega g_1}+\left(r_{\mathrm{o}}^2+r_{\mathrm{di}}^2-r_{\mathrm{do}}^2\right)} \tag{3-42}$$

式中，g_1 中含有膜厚比 H 项，因此式(3-42)是一个含有 H 的隐函数方程。令 $F_1(H)=0$，可用数值方法求出允许的最小膜厚比 $H_{\min}$，再根据 $H=h_0/(h_g+h_0)$ 得

$$h_{\mathrm{gmax}}=\frac{1-H_{\min}}{H_{\min}}h_0 \tag{3-43}$$

2. 密封“外装”时的最大允许开槽深度

密封“外装”时，最大允许开槽深度的计算与密封“内装”时类似，在式(3-33)中，令 $r_{\mathrm{c}}=r_{\mathrm{o}}$ 得

$$r_{\mathrm{o}}=\sqrt{\frac{h_0^2\left(p_{\mathrm{i}}-p_{\mathrm{o}}\right)}{3\mu_1\omega g_1}+\left(r_{\mathrm{i}}^2+r_{\mathrm{do}}^2-r_{\mathrm{di}}^2\right)} \tag{3-44}$$

即

$$F_2(H)=r_{\mathrm{o}}-\sqrt{\frac{h_0^2\left(p_{\mathrm{i}}-p_{\mathrm{o}}\right)}{3\mu_1\omega g_1}+\left(r_{\mathrm{i}}^2+r_{\mathrm{do}}^2-r_{\mathrm{di}}^2\right)} \tag{3-45}$$

式(3-45)也是一个含有膜厚比 H 的隐函数方程，令 $F_2(H)=0$，可用数值方法求出允许的最小膜厚比 $H_{\min}$，同样根据式(3-43)求出密封外装时的最大允许开槽深度 h_{gmax}。

3.3.6 对内外双槽密封气液分界半径的影响因素分析

本节以内外双槽机械密封“外装”使用为例，对影响其气液分界面的因素进行分析。

1. 案例计算的基准参数

在分析各参数对气液分界面 r_{c} 的影响时，除所考查的因素外，以下列参数作为计算基准。操作参数：p_{i}=0.4MPa，p_{o}=0，$\mu_{\mathrm{l}}=860\times10^{-6}$Pa·s(300K 时水的黏度)，$\mu_{\mathrm{g}}=18.464\times10^{-6}$Pa·s(300K 时空气的黏度)；几何参数：$r_{\mathrm{i}}$=20mm，$r_{\mathrm{o}}$=30mm，$r_{\mathrm{di}}$=23mm，$r_{\mathrm{do}}$=26mm；螺旋角 $\alpha=15°$，台槽比 γ=1，槽深 h_{g}=10 μm；设计非槽区的工作膜厚 h_0=1.341μm；工作转速：N=2900r/min，即 ω=303.691rad/s。

2. 对气液分界半径的影响因素分析

1) 非槽区(台区)流体膜厚度 h_0 的影响

非槽区(台区)流体膜厚度 h_0 决定着密封端面的摩擦、润滑状态。研究表明，当 $h_0/\sigma\geqslant3$ 时，表征端面粗糙度的微凸体对端面润滑状况的影响并不明显，端面

处于流体润滑状况，此时的流体膜厚为流体润滑所必需的最小厚度，记为 h_{min}。σ 为密封两端面表面粗糙度的组合标准偏差，由下式确定：

$$\sigma = \sqrt{\sigma_1^2 + \sigma_2^2} \tag{3-46}$$

式中，σ_1、σ_2 分别为端面 1 和端面 2 的表面粗糙度标准差。

一般要求金属密封环的表面粗糙度 Ra≤0.2μm，非金属环表面粗糙度 Ra≤0.4μm，所以当一金属环与一非金属环组对时，取 σ_1=0.2μm，σ_2=0.4μm，则 $h_{min}=3\sigma$=1.341μm。当实际膜厚 $h_0<h_{min}$ 时，流体的动压力不足以平衡闭合力，端面微凸体开始承受载荷，端面处于混合摩擦状态。当载荷较小时，可采用弹性接触模型；当载荷较大时，可采用塑性接触模型；当载荷中等时，可采用弹塑性混合模型。非接触机械密封要求密封端面处于流体润滑状况，以适应高参数和长寿命的要求，所以要求工作膜厚 h_0 大于或等于最小膜厚 h_{min}。显然，可以通过降低表面粗糙度来减小所需的最小膜厚 h_{min}。

h_0 对 r_c 有重要影响，除显式影响外，还可通过螺旋槽参数 H 对 r_c 产生影响，为了考察 h_0 对 r_c 的影响效果，在其他计算参数不变的情况下，当 h_0 从 0.5μm 变化到 10μm 时，对 r_c 的影响如图 3-22 所示。

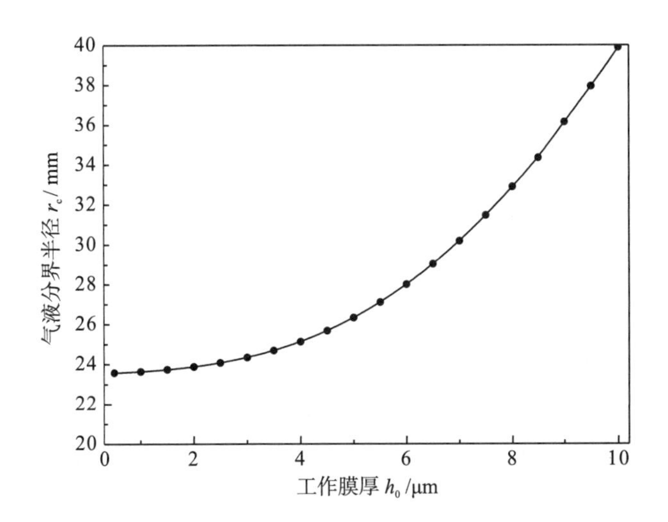

图 3-22　工作膜厚 h_0 对气液分界半径的影响

从图 3-22 可以看出，当 h_0<2μm 时，h_0 对 r_c 的影响不大；当 h_0>2μm 时，它对 r_c 的影响急剧增加。这意味着虽然膜厚的增大有利于流体润滑，但不易实现密封，因此合理确定工作膜厚十分必要。图 3-22 表明，当 h_0>7μm 时，r_c>30mm，所计算的密封结构不能实现零泄漏。

2) 介质压力的影响

从式(3-33)和式(3-36)可以看出，气液分界面 r_c 与内外压差(p_i-p_o)的 1/2 次方成正比，压差越大，r_c越大，越难实现密封，但可承受很高的压差。所计算结构的具体影响如图 3-23 所示，压差为 0～7.0MPa。从图 3-23 可以看出，该结构若保证外侧槽充满液体，且维持很小的液膜厚度，其承受的压差很高(可达 6.4MPa)，这也说明上游泵送机械密封能利用压力很低的下游流体实现对高压介质的密封。

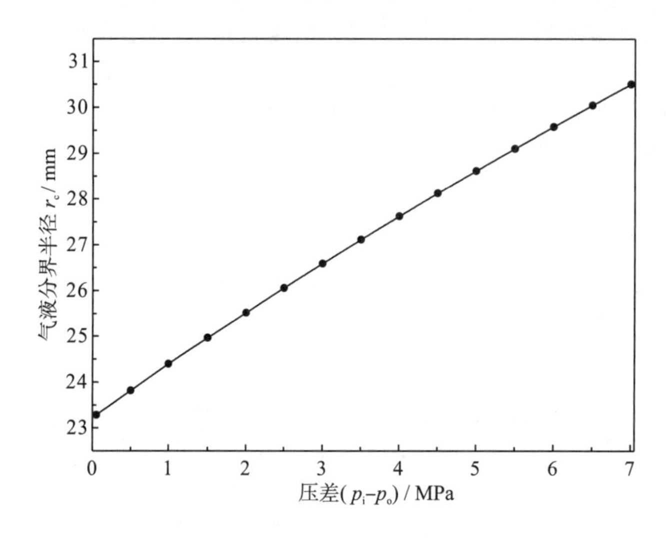

图 3-23 内外压差(p_i-p_o)对气液分界半径 r_c 的影响

3)液体黏度μ_l、气体黏度μ_g的影响

从式(3-33)和式(3-36)可以看出，液体黏度 μ_l 、气体黏度 μ_g 对 r_c 有重要影响，且与液气黏度差密切相关，黏度差越小，r_c 越大，当两者的差趋于零时，r_c 趋于无穷大。图 3-24 为液体黏度 μ_l 变化对 r_c 的影响。从图中可以看出，液体黏度较大的区域，黏度的影响并不大，易于实现密封，当液体黏度低于 350μPa·s (如 96.7℃的水)时，黏度的微小降低就可导致气液分界半径的明显增加，这说明低黏度介质的密封难度明显增大。图 3-25 为气体黏度 μ_g 变化时对 r_c 的影响。从图中可以看出，随着气体黏度的增加，气液分界半径减小，说明对密封有利，但由于气体黏度的绝对数值与液体相比很小，它对密封能力的贡献所占比例很小，表现为气液分界半径 r_c 的变化量很小，这也说明密封的实现主要依靠液相介质。

4)工作转速的影响

密封环的旋转速度对流体动压的形成具有重要影响，如图 3-26 所示为转速对气液分界半径的影响。从图中可以看出，转速对气液分界半径的影响很大，但一旦建立密封状态后，转速对气液半径 r_c 的影响程度就降低了，其原因是端面间引入了气体，但气体黏度很小，其推动气液分界面移动的能力很弱。从图 3-26 也可以看出，建立零泄漏所需的最小转速很低，而实现全气膜对液体密封所需的转速很高，这是气体黏度很小的缘故。这两个转速可以计算出来，根据式(3-37)，代入计算参数可得所计算结构的最小转速为 N_{min}=179.86r/min，即以很低的转速就能实现端面的非接触和零泄漏，这与图 3-26 的结果一致。根据式(3-38)，代入计算参数可得所计算结构实现全气膜所需的转速为 N_{max}=8377r/min，表明所计算结构即使密封压差仅 0.4MPa，要实现全气膜润滑也需要很高的转速，当转速超过 8377r/min 时，将有气体被泵入密封腔内。当转速处于最小转速和最大转速之间时，即 $N_{min} \leqslant N \leqslant N_{max}$，理论上已实现了非接触机械密封的零压差零泄漏。

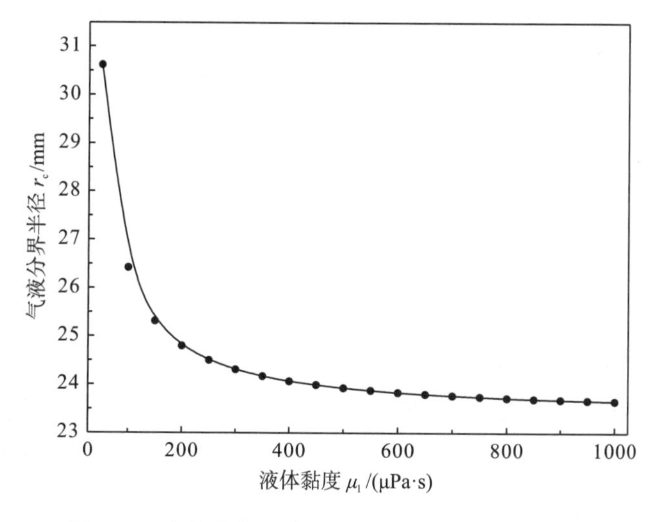

图 3-24　液体黏度 μ_l 变化对气液分界半径 r_c 的影响

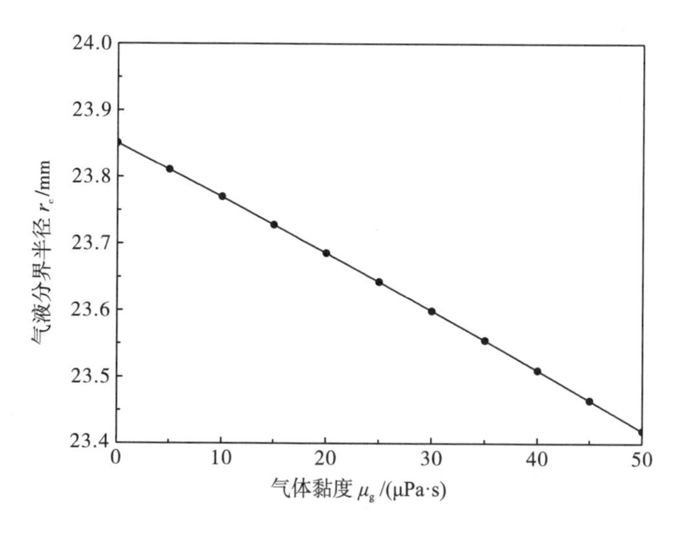

图 3-25　气体黏度 μ_g 变化对气液分界半径 r_c 的影响

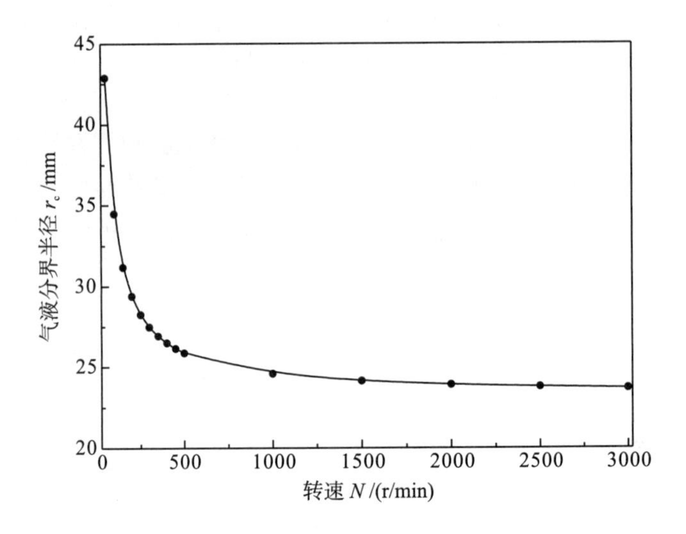

图 3-26　工作转速对气液分界半径 r_c 的影响

5）螺旋槽参数的影响

螺旋角 α、槽深 h_g 和台槽比 γ 等螺旋槽参数可通过螺旋槽函数 $g_1(\alpha, H, \gamma)$ 影响气液分界半径 r_c。图 3-27 为螺旋角 α 对其的影响。从图中可以看出，随着螺旋角 α 增大，气液分界半径 r_c 显著增加，所以实际应用中，一般螺旋角 $\alpha<20°$。

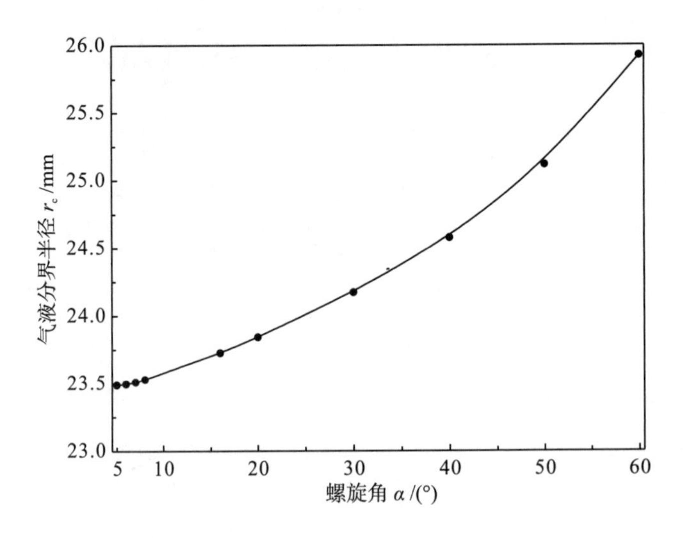

图 3-27　螺旋角对气液分界半径的影响

图 3-28 为槽深 h_g 对其的影响。从图中可以看出，槽深的影响很大，一般说来，随着槽深的增加，气液分界半径增大，密封难度增加；但同时也可以看出，对于

液相密封来说，实现零泄漏允许的槽深范围很宽，从几微米到几十微米，这对加工十分有利。实际应用的液相螺旋槽机械密封的开槽深度范围的确很广，如 Gordon（戈登）介绍的上游机械密封槽深为 2～6μm[4]，Lai 研究的上游泵送槽、人字形槽、Y 字形槽的槽深为 5.1μm[2]，Gardner（加德纳）用于水介质螺旋槽的槽深为 9.4μm[5]，Shapiro 等用于液氧透平泵机械密封的槽深为 25.4μm[6]，Strom（夏皮罗）等用于液钠环境机械密封的槽深达 38μm[7]。当工作参数确定后，理论上可实现零泄漏的最大允许开槽深度 h_{max} 由式(3-45)和式(3-43)确定。代入参数可得所计算结构的最小膜厚比 H_{min}=0.025，允许开槽的最大槽深 h_{max}=52.3μm。

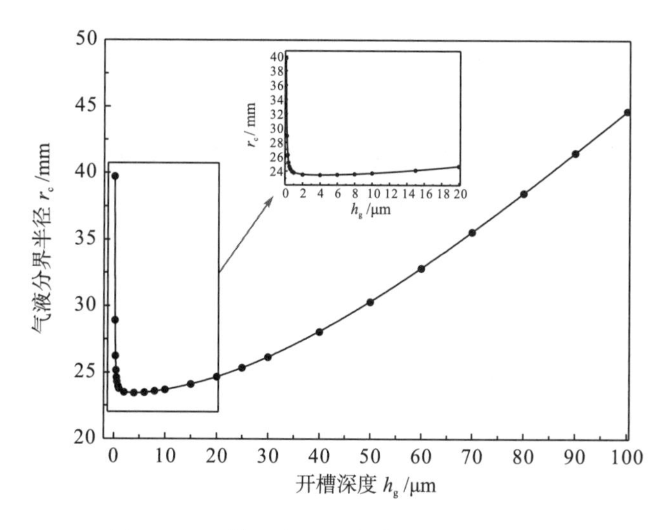

图 3-28　开槽深度 h_g 对气液分界半径的影响

值得注意的是当开槽深度很小时，也会导致密封能力的下降。为此考察当槽深 h_g 变化范围较小时，槽深对 r_c 的影响，如图 3-29 所示。当槽深很小时（小于工作膜厚 h_0），随槽深减小，密封能力将降低。

图 3-29 为螺旋槽台槽比（台宽/槽宽）γ 对气液分界半径 r_c 的影响。从图中可以看出，太小的台槽比或太大的台槽比都会导致密封能力的降低，过小台槽比的影响更甚，合适的台槽比在 0.5～2.0，当在 γ=1 左右变化时，其影响程度变化不大。一般情况下，可取 γ=1。

螺旋槽参数除直接影响气液分界半径外，还可通过螺旋槽函数 $g_1(\alpha, H, \gamma)$ 对气液分界半径产生影响。从式(3-33)和式(3-36)可以看出，使 $g_1(\alpha, H, \gamma)$ 获得最大值的参数将使 r_c 获得最小值，即获得最大密封能力。$g_1(\alpha, H, \gamma)$ 与 α 的关系如图 3-30 所示，在 α=5° 左右有极大值，此时 H=0.118，γ=1。显然取得极值的 α 值与 H、γ 有关。

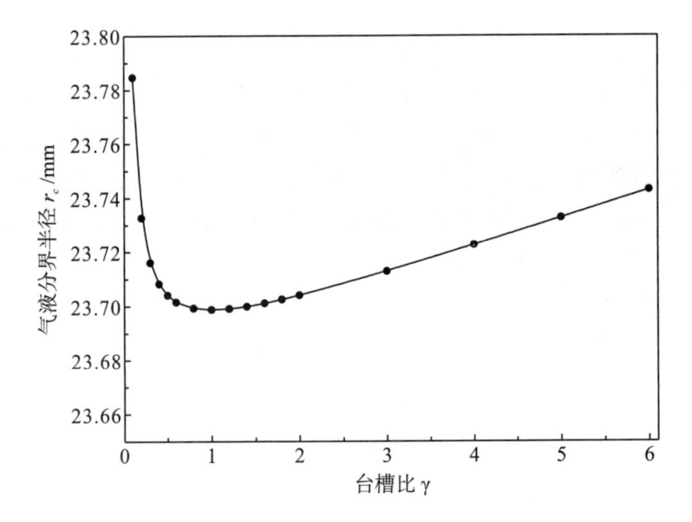

图 3-29　螺旋槽台槽比对气液分界半径的影响

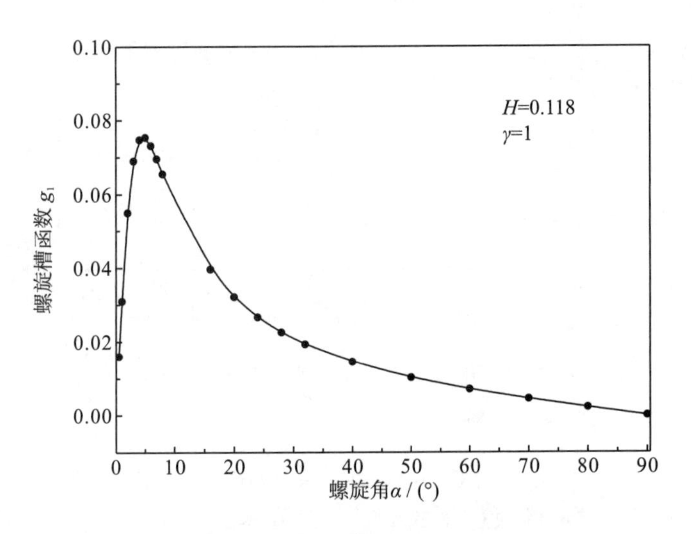

图 3-30　螺旋角对螺旋槽函数 $g_1(\alpha, H, \gamma)$ 的影响

6) 密封环结构尺寸 r_o、r_i、r_{do}、r_{di} 的影响

结构尺寸 r_o、r_i、r_{do}、r_{di} 是密封环设计的主要参数。图 3-31 为外半径 r_o 对气液分界半径 r_c 的影响。随着 r_o 的增加，气液分界半径 r_c 减小，提高了密封能力，但趋势缓慢，这说明增加 r_o 对密封能力提高的贡献不太明显，这是因为所计算结构在工作转速下，理论上外槽已引入气体，再增加外槽长度，意义并不大。只有在最低临界转速 N_{min} 下讨论 r_o 的影响才有更大的意义。

图 3-32 为内半径 r_i 对气液分界半径 r_c 的影响。从图中可以看出，随着 r_i 的减小，r_c 急剧减小，密封能力明显提高。这是因为随着 r_i 的降低，内槽增长，由于

液体黏度较大，螺旋槽的降压能力明显增大。这说明维持较长的内槽有利于密封实现零泄漏。图 3-32 中有两条线，实线表示式(3-33)的计算结果，虚线表示式(3-36)的计算结果，两者之间存在一个差值。这是由于计算模型认为密封坝上的压力无变化，即当气液分界面到达密封坝外半径 r_{do} 处时也同时到达内半径 r_{di} 处，这中间无须再增加推动力。根据式(3-33)和式(3-36)计算的结果一般就相差密封坝的宽度值(r_{do}−r_{di})。但从计算式可以看出，由于受气液黏度的影响，所以在对某些参数进行计算时，这两者差值并不总是一致的。一般首先采用低压气体侧的公式计算，如此处的外槽侧公式(3-33)；如果计算所得的气液分界面已达液相高压侧，那么改用液体侧的公式计算，如此处的内槽侧公式(3-36)。

图 3-33 为密封坝外半径 r_{do} 的影响。从图中可以看出，随着 r_{do} 的增加，密封坝变宽，r_c 迅速增加，这说明密封能力显著降低，所以尽量维持较窄的密封坝对密封有利。图 3-34 为密封坝内半径 r_{di} 的影响。从图中可以看出，随着 r_{di} 的增加，内槽长度增加，密封能力提高，表现为 r_c 的迅速减小。

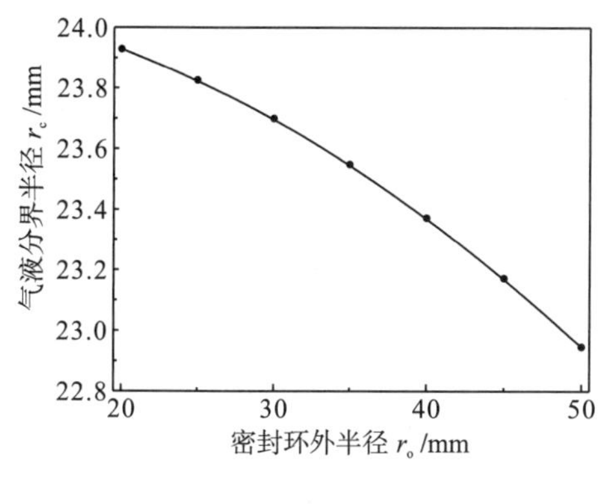

图 3-31　r_c 与 r_o 的关系

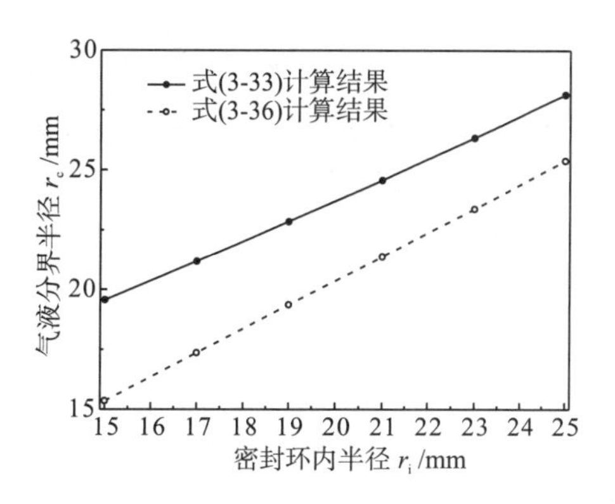

图 3-32　r_c 与 r_i 的关系

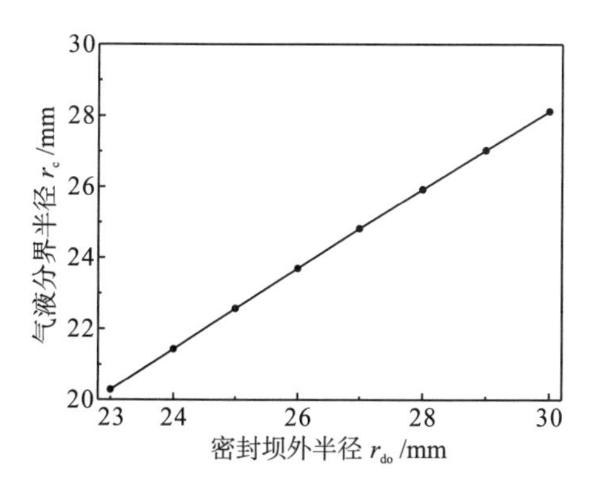

图 3-33　r_c 与 r_{do} 的关系

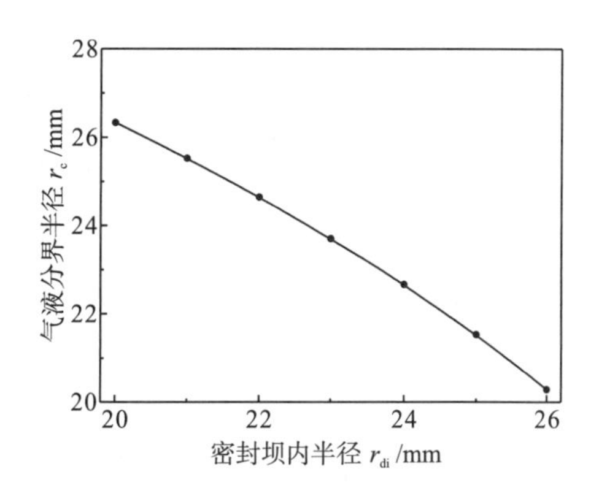

图 3-34　r_c 与 r_{di} 的关系

对内外双槽密封内装时的气液分界半径的影响因素分析可依据式(3-27)和式(3-30)进行。限于篇幅，此处从略。值得指出的是，上述对存在气液界面密封的分析是依据槽数无限、流体膜压力仅与半径有关的一维近似解析理论进行的，而与槽数有限、流体膜压力二维分布的实际情况存在一定误差。由于气液分界面涉及控制方程不同的气液两相，并且这一分界面是动态的，所以实际情况比较复杂，即使采用数值分析方法也会涉及动态边界问题。

参 考 文 献

[1] Etsion I. A new concept of zero-leakage noncontacting mechanical face seal[J]. Journal of Tribology, 1984, 106(3): 338-343.

[2] Lai T. Development of non-contacting, non-leaking spiral groove liquid face seals[J]. Lubrication Engineering, 1994, 50(8): 625-631.

[3] 宋鹏云. 螺旋槽流体动压型机械密封端面间液膜特性研究[D]. 成都: 四川大学, 1999.

[4] Doug V, Gordon S B. Upstream pumping:a new concept in mechanical sealing technology[J]. Lubrication Engineering, 1990, 46(4): 213-217.

[5] Gardner J E. Recent developments on non-contacting face seals[J]. Lubrication Engineering, 1973, 29(9): 406-412.

[6] Shapiro W, Walowit J, Jones H F. Analysis of spiral-groove face seals for liquid oxygen[J]. ASLE Transactions, 1984, 27(3): 177-188.

[7] Strom T N, Ludwig L P, Allen G P. Spiral groove face seal concepts：Comparison to conventional face contact seals in sealing liquid sodium (400 to 1000 Deg F)[J]. Journal of Lubrication Technology, 1968, 90(2): 450-462.

第4章　气体润滑螺旋槽机械密封

气体润滑机械密封是密封端面依靠气体润滑的非接触机械密封，一般称为干气密封，包括流体动压型、流体静压型和流体动静压混合型，其中以端面开有螺旋槽的流体动压型干气密封应用最为广泛，其物理本质是动静压混合型。本章主要针对螺旋槽干气密封，包括泵入式和泵出式螺旋槽干气密封。关于实际气体效应对干气密封性能的影响将在第 5 章介绍。

4.1　泵入式气体润滑螺旋槽机械密封

4.1.1　端面气膜压力的解析计算

Gabriel 所著《螺旋槽非接触端面密封基本原理》作为螺旋槽干气密封发展过程中的一篇经典文献，首次于 1979 年在美国《润滑工程》(*Lubrication Engineering*)杂志上发表[1]，并于 1994 年在该杂志上再次被重新全文发表[2]。本书作者对该文献进行了仔细研究，并对提供的案例进行了复算，发现该文献提供的气膜压力分布是根据近似解析法计算所得的结果，并不是实验数据。值得注意的是该文献附录 2 提供的螺旋槽区域的气膜压力控制方程与正确的气膜压力控制方程相比，漏掉了槽区气膜厚度 h_1 项，所以计算结果偏大[3]。因此，当利用该经典文献提供的性能数据时，需要保持警惕。

1. 端面气膜压力控制方程

对于开有螺旋槽的台槽区，Gabriel 的论文[1,2]附录 2 提供的气膜压力控制方程为

$$\frac{\mathrm{d}p}{\mathrm{d}r} = -\frac{6\mu\omega g_1}{h_0^2}r + \frac{6\mu S_{\mathrm{t}} g_2}{\pi h_0^2}\frac{RT}{p}\frac{1}{r} \tag{4-1}$$

针对螺旋槽的端面压力分布，Muijderman 在 Whipple(惠普尔)螺旋槽窄槽理论的基础上，建立了在微圆环上的可压缩流体膜(气膜)的压力控制方程[4]。本书第 2 章对此进行了详细介绍，假设气体符合理想气体状态方程，经转换可得到螺旋槽端面气膜压力控制方程如下。

对于密封坝区：

$$\frac{\mathrm{d}p}{\mathrm{d}r}=\frac{6\mu S_{\mathrm{t}}}{\pi h_0^3}\frac{RT}{p}\frac{1}{r} \tag{4-2}$$

对于开有螺旋槽的台槽区：

$$\frac{\mathrm{d}p}{\mathrm{d}r}=-\frac{6\mu\omega g_1}{h_0^2}r+\frac{6\mu S_{\mathrm{t}}g_2}{\pi h_1 h_0^2}\frac{RT}{p}\frac{1}{r} \tag{4-3}$$

对比公式(4-3)与公式(4-1)可知，公式(4-1)中开有螺旋槽部分的气膜压力控制方程漏掉了第二项分母中的 h_1。方程(4-1)的错误是明显的，当螺旋槽深 $h_{\mathrm{g}}=0$ 时，$h_1=h_0$，即螺旋槽部分没有槽，此时 $H=1$，$g_2=1$，方程式(4-1)与方程式(4-2)不一样，而方程式(4-3)可以还原到方程式(4-2)。为了判断是否为排版印刷造成的错误，故对 Gabriel 文献[1,2]中提供的算例分别按式(4-1)、式(4-3)进行计算，并对结果进行讨论[3]。

2. 气膜压力分布的计算方法

内径处压力已知：$r=r_{\mathrm{i}}$，$p=p_{\mathrm{i}}$；外径处压力已知：$r=r_{\mathrm{o}}$，$p=p_{\mathrm{o}}$。通过求解方程式(4-2)，可获得通过密封坝气体的质量流量为

$$S_{\mathrm{t}}=\frac{\pi h_0^3\left(p_{\mathrm{g}}^2-p_{\mathrm{i}}^2\right)}{12\mu RT\ln\left(\dfrac{r_{\mathrm{g}}}{r_{\mathrm{i}}}\right)} \tag{4-4}$$

根据质量守恒定律，通过开有螺旋槽部分的质量流量等于通过密封坝的质量流量，同为 S_{t}。方程式(4-4)中含有未知量 p_{g}，需要联立方程式(4-1)或式(4-3)，通过试算法进行求解。具体求解方法见本书第 2 章。

基于槽数无限的窄槽理论的解析计算方法忽略了槽数的影响。随着计算机技术的迅速发展，数值计算方法广泛应用于对螺旋槽干气密封的性能研究。一种情况是研究适宜的计算方法，包括有限差分、有限体积、有限元和边界元等数值计算方法，编制计算程序，求解雷诺润滑方程或直接求解流体流动的 N-S 方程，获得端面压力的分布情况；另一种情况是直接利用 Fluent 等大型商品软件对密封端面的压力分布情况进行数值模拟。

3. 密封性能参数计算

使用 Gabriel 论文[1,2]提供的螺旋槽干气密封的几何尺寸和运行条件，通过以上两种解析计算公式(4-1)或式(4-3)对不同气膜厚度下的开启力和槽根处的压力进行计算，并与有限元结果进行比对。螺旋槽干气密封的几何尺寸和运行条件：$r_{\mathrm{o}}=77.8\mathrm{mm}$，$r_{\mathrm{i}}=58.42\mathrm{mm}$，$r_{\mathrm{g}}=69\mathrm{mm}$，$\alpha=15°$，$\gamma=1$，$h_{\mathrm{g}}=0.005\mathrm{mm}$，$p_{\mathrm{o}}=4.5852\mathrm{MPa}$，$p_{\mathrm{i}}=0.1013\mathrm{MPa}$，气体为空气，温度为 30℃，气体常数 $R_{\mathrm{u}}=8.314\mathrm{J/(mol\cdot K)}$，密度

ρ=1.164kg/m^3，气体黏度 μ=1.86×10^{-5}Pa·s，平均直径处的线速度 v=74.030m/s。

Gabriel 论文[1,2]给出的端面开启力(F_o)的结果和根据方程式(4-1)、式(4-3)及有限元计算的结果比较如表 4-1 所示。有限元结果取自蔡文新等的论文[5,6]（从图上直接读取）和尹晓妮的硕士论文[7]。

表 4-1 端面开启力 F_o 的结果比较

工况	间隙 h_0/mm	端面开启力 F_o/N				
		Gabriel 文献值	方程式(4-1)的计算值	方程式(4-3)的计算值	蔡文新 FEM 计算值	尹晓妮 FEM (8 节点单元)计算值
1	0.00203	40711.8	40412.0	37040.0	34000	35691.2
2	0.00305	33168.7	35096.1	31831.9	30000	31684.5
3	0.00508	29569.2	32672.9	29318.4	27000	29420.8

Gabriel 论文[1,2]给出的端面螺旋槽根(r=r_g)处气膜压力 p_g 的结果和根据方程式(4-1)、式(4-3)及有限元计算的结果如表 4-2 所示。有限元结果取自蔡文新等的论文[5,6](从图上直接读取)。

表 4-2 端面螺旋槽根处气膜压力 p_g 的结果比较

工况	间隙 h_0/mm	气膜压力 p_g/MPa			
		Gabriel 文献值	式(4-1)的计算值	式(4-3)的计算值	蔡文新计算值
1	0.00203	6.3	6.2996	5.6154	5.25
2	0.00305	4.8	5.2236	4.5515	4.5
3	0.00508	4.0	4.733	4.0365	4.0

从表 4-1 和表 4-2 可以看出，对于间隙 h_0=0.00203mm 的工况，无论是开启力 F_o 还是槽根处气膜压力 p_g，利用 Gabriel 论文[1,2]提供的方程式(4-1)的计算结果与 Gabriel 论文给出的结果十分接近，而与利用正确方程式(4-3)计算的结果相差很大。因此，可以认为该工况数据是利用错误方程式(4-1)得到的。而对于 h_0=0.00305mm 和 h_0=0.00508mm 的工况，正确方程式(4-3)计算的结果更接近文献值，可以认为论文[1,2]的计算结果是正确的。此外，根据正确气膜压力控制方程式(4-3)计算的结果与利用有限元计算的结果非常接近，尤其是与尹晓妮硕士论文[7]提供的数据非常接近。

4.1.2 端面气膜流动的状态分析

螺旋槽干气密封在设计、研究和应用过程中，一般认为密封端面间流体膜的流动处于层流状态[8]；但当转速较高、流体膜厚度较大或被密封流体的压力较高时，端面间流体膜的流动状态可能进入湍流状态。层流和湍流是两种完全不同的流动状态，一般通过雷诺数进行判断。密封端面间流体膜的流动是包含压差流和剪切流在内的一种复合流动。本书作者提出了一种利用复合速度计算压差剪切复合流动雷诺数的方法[8]，即利用压差流与剪切流形成的速度矢量和作为雷诺数的特征速度来计算雷诺数，简称复合速度雷诺数，并以复合速度雷诺数等于 2000 为临界雷诺数判据，以此来判断流体膜的压差剪切复合流动是处于层流状态还是湍流状态。

1. 压差流动的临界雷诺数

1) 圆管压差流动

Ⅰ. 雷诺数的定义

Reynolds (雷诺兹) 最早开展流体在圆管中流动的实验研究，发现了流体从层流向湍流的转捩，并给出了判别流动状态的参数——雷诺数 (Re)。对于不同的流体流动，雷诺数有不同的表现方式，而这些表现方式一般都包括流体性质 (密度、黏度)、流体速度及一个特征长度或特征尺寸。其中，特征长度或特征尺寸一般根据习惯定义。对于管内流动，通常使用管内直径作为特征尺寸。

对于在圆管内的压差流动，雷诺数定义为

$$Re_{\mathrm{p}} = \frac{\rho VD}{\mu} = \frac{VD}{\nu} = \frac{QD}{\nu A} = \frac{4Q}{\nu \pi D} \tag{4-5}$$

式中，V 为管内流体流动的平均速度 (m/s)；D 为管子的内直径 (m)；μ 为流体动力黏度 (Pa·s 或 $\mathrm{N \cdot s/m^2}$)；ν 为流体运动黏度 ($\nu=\mu/\rho$, $\mathrm{m^2/s}$)；ρ 为流体密度 ($\mathrm{kg/m^3}$)；Q 为体积流量 ($\mathrm{m^3/s}$)；A 为横截面积 ($A=\pi D^2/4$, $\mathrm{m^2}$)。

Ⅱ. 微通道气体流动

关于微通道气体流动临界雷诺数的研究相对较少。Yang 等[9]以空气为介质在直径为 173～4010μm 的管内进行研究，发现空气在微管中从层流到湍流的过渡雷诺数为 Re=1200～3800。而黄迦乐等[10]以氮气为工作介质在直径为 20μm 和 50μm 的微石英管内对气体的流动特性进行实验研究，当 Re＞2300 时，流体进入紊流状态。所以，对于微管或微通道的气体压差流动，判断流动状态的临界雷诺数仍可采用常用值 Re_{c}=2000。

2) 套管压差流动

将套管沿圆周方向展开即近似为平行平板。因此，可用套管压差流动来近似平行平板间的压差流动。而流体沿密封端面间的径向压差流又可用平行平板间的压差流来近似。目前关于流体在套管中流动特性的研究并不多，对雷诺数的定义和临界雷诺数的资料也很少。一般以水力当量直径作为特征尺寸来定义雷诺数。

径向间隙为 h，外管内直径为 d_2、内管外直径为 d_1 的套管示意如图 4-1 所示。流体在间隙为 h 的环形空间内由压差驱动沿套管的轴向流动。

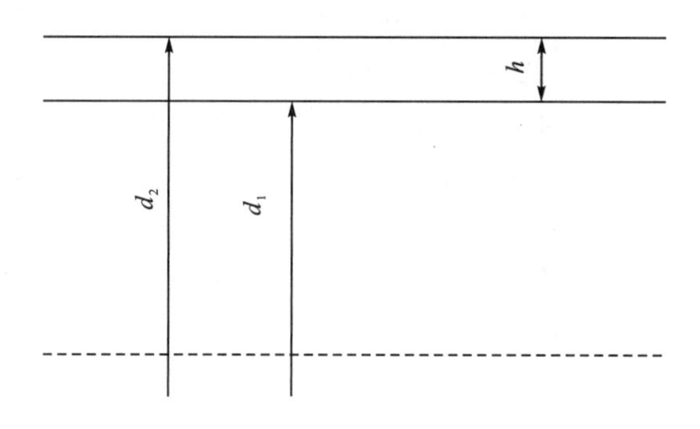

图 4-1　套管展开结构示意图

套管的流体流动面积为

$$A=\frac{\pi\left(d_2^2-d_1^2\right)}{4} \tag{4-6}$$

润湿周边长度为

$$L=\pi\left(d_2+d_1\right) \tag{4-7}$$

根据水力当量直径的定义，流体在圆形套管内流动的水力当量直径为

$$D_{\mathrm{e}}=\frac{4A}{L}=\frac{4\times\frac{\pi}{4}\left(d_2^2-d_1^2\right)}{\pi\left(d_2+d_1\right)}=d_2-d_1=2h \tag{4-8}$$

根据圆管雷诺数定义的表现形式，可将套管流动的雷诺数定义为

$$Re_{\mathrm{tp}}=\frac{\rho VD_{\mathrm{e}}}{\mu}=\frac{2\rho Vh}{\mu}=\frac{2Q}{v\pi d_{\mathrm{m}}} \tag{4-9}$$

式中，$V=\frac{4Q}{\left[\pi\left(d_2^2-d_1^2\right)\right]}$ 为流体在套管中流动的平均速度(m/s)；D_{e} 为套管的水力当量直径($D_{\mathrm{e}}=2h$，m)；μ 为流体动力黏度(Pa·s 或 N·s/m^2)；h 为套管的单边间隙；d_{m} 为套管平均直径[$d_{\mathrm{m}}=(d_1+d_2)/2$]；$Q$ 为流体通过套管的体积流量(m^3/s)。

一般认为，计算流动阻力时，按水力当量直径确定的雷诺数等价于圆管内流动的雷诺数。因此，可以认为按式(4-9)计算的套管或平行平板间压差流的临界雷诺数与圆管流动相同，即 $Re_{\mathrm{tpc}}=2000$。

关于套管或平行平板间流动的流型转变的实验研究很少。孙月秋等[11]研究水在套管中的流动传热特性时，将雷诺数按虚拟的流体流动速度确定，即

$$Re_{\mathrm{s}}=\frac{ud_{\mathrm{m}}\rho}{\mu}=\frac{4Q}{v\pi d_{\mathrm{m}}} \tag{4-10}$$

式中，$u=\frac{4Q}{\left(\pi d_{\mathrm{m}}^{2}\right)}$为根据套管平均直径计算的虚拟平均速度。

式(4-10)的形式和圆管雷诺数式(4-5)的形式相同。但值得注意的是，式(4-10)中的流体平均速度 u 不是真实的流体平均速度，而是根据套管平均直径计算的一个虚拟的平均速度。从式(4-10)和式(4-9)可以看出，$Re_s=2Re_{tp}$，即按虚拟平均速度定义的雷诺数 Re_s 是按物理概念定义的雷诺数 Re_{tp} 的 2 倍。孙秋月等[11]的实验结果研究表明，水在套管中流动，从层流到湍流转捩的以虚拟流速确定的雷诺数 Re_s=2000～3000，相当于物理概念雷诺数 Re_{tp}=1000～1500。但他们的实验也表明，从层流到湍流转捩的雷诺数受套管间隙的影响。

2. 剪切流动的临界雷诺数

1) 平行平板间的剪切流动

Ⅰ. 剪切雷诺数定义

将套管沿圆周方向展开即近似为两平板，套管间隙 h 即为两平板间的间隙，如图 4-2 所示。类似地，平板间的间隙为 h 的剪切流的水力当量直径 $D_e=2h$。仿照压差流，平板间隙为 h 的剪切流的雷诺数定义为

$$Re_\tau=\frac{\rho V D_{\mathrm{e}}}{\mu}=\frac{\rho V\times 2h}{\mu} \tag{4-11}$$

式中，V 为剪切流动的平均速度。

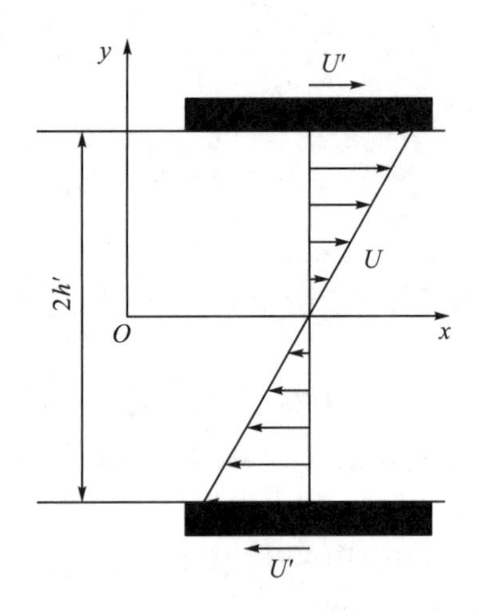

图 4-2　两平板双向运动剪切流的模型示意图

假设一个平板静止，另一个平板的移动速度为 U。对于牛顿流体，其剪切流的平均速度为

$$V = \frac{0+U}{2} = \frac{U}{2} \tag{4-12}$$

将式(4-12)代入式(4-11)得到剪切流常见的雷诺数定义式：

$$Re_{\tau} = \frac{\rho V \times 2h}{\mu} = \frac{\rho \times \frac{U}{2} \times 2h}{\mu} = \frac{\rho U h}{\mu} \tag{4-13}$$

对于旋转轴与轴承之间的间隙所形成的剪切流，其雷诺数的定义式为

$$Re_{\tau} = \frac{\rho U h}{\mu} = \frac{\rho \omega r h}{\mu} \tag{4-14}$$

式中，ω 为旋转角速度；r 为轴的半径。

式(4-13)和式(4-14)是常见剪切流的雷诺数定义式，其本质与压差流的雷诺数定义式一致。值得注意的是，在某些剪切流动的实验研究[12]和理论研究[13]中，流动模型如图 4-2 所示，其雷诺数定义采用一半速度与一半间隙，即

$$Re_{\tau h} = \frac{\rho U' h'}{\mu} \tag{4-15}$$

式中，$U' = U/2$，$h' = h/2$，将其代入式(4-15)得到：

$$Re_{\tau h} = \frac{\rho U' h'}{\mu} = \frac{\rho \times \frac{U}{2} \times \frac{h}{2}}{\mu} = \frac{1}{4} \times \frac{\rho U h}{\mu} = \frac{1}{4} Re_{\tau} \tag{4-16}$$

即半速半间隙定义的雷诺数 $Re_{\tau h}$ 是常规雷诺数 Re_{τ} 的 1/4，或者说常规雷诺数 Re_{τ} 是半速半间隙雷诺数 $Re_{\tau h}$ 的 4 倍。

Ⅱ．平板剪切流动的临界雷诺数

关于平板剪切流动临界雷诺数的实验研究并不多，其数据也不一致。Taylor 和 Dowson[14]的研究采用常规剪切雷诺数 Re_{τ}，通过实验观察到平板库埃特流动的临界雷诺数 $Re_{\tau c}$=1900。Tillmark 和 Alfredsson[12]的实验研究采用半速半间隙定义雷诺数，实验得到能够维持湍流的最低雷诺数为 360±10，相当于常规雷诺数为 1440±40，该两平板为双向运动。Dou 和 Khoo[13]运用能量梯度法解释了流体从层流到湍流的流动机制，采用半速半间隙定义雷诺数，其理论研究和实验研究认为，临界雷诺数均为 370，相当于常规临界雷诺数 1480。

2) 同心圆筒间隙间的剪切流动

Ⅰ．泰勒涡

流体在同心圆筒间隙中的周向剪切流动是由内外圆筒的相对旋转运动而产生的。随着相对转速的增加，这类流动首先出现的非层流是泰勒涡，可用临界泰勒数加以判断。泰勒涡是层流失稳后形成的一种二次流。经过泰勒涡后才是常规意义上的完全湍流。一般情况下，临界泰勒数[15]为

$$\mathrm{Ta_c} = 41.1\sqrt{\frac{R}{c}} \tag{4-17}$$

对于一般的圆柱间隙剪切流，判断出现非层流状态的临界雷诺数为

$$Re_{cc}=\frac{\rho Uc}{\mu}=\mathrm{Ta_c}=41.1\sqrt{\frac{R}{c}} \tag{4-18}$$

式中，c 为半径方向的间隙 $c=R_2-R_1$；圆筒半径 R 根据情况可取内圆柱半径 R_1(内筒旋转)、外圆柱的内半径 R_2(外筒旋转)或平均半径 $R_m=(R_2+R_1)/2$；U 为圆筒旋转的线速度。

Ⅱ. 临界雷诺数

Constantinescu[16]的研究表明，当间隙率 $c/R>0.05\%$时，$41.1\sqrt{R/c}<Re<1900$ 为泰勒涡；当间隙率 $c/R<0.05\%$时，此判别式则不再适用。此时，可以不考虑曲率的影响，按照平板剪切流计算雷诺数。根据 Constantinescu(康斯坦丁内斯库)的研究结论，流体在圆柱间隙出现完全湍流的雷诺数下限，即出现完全湍流的临界雷诺数 $Re_{cc}=1900$。荣深涛等[17]在同心环隙库特流的层流解析解和实验验证的研究中观察到，当雷诺数达到 2000 时开始出现紊流，本书作者认为可以把 $Re_{cc}=2000$ 作为同心圆筒间隙剪切流动的临界雷诺数。

3. 压差剪切复合流动的临界雷诺数

1)复合速度法

利用矢量复合速度作为特征速度来计算雷诺数是一种合理的构想。李邦达和刘永建[18]在偏心环空中幂律流体层流螺旋流流动的稳定性研究中也采用了矢量合成速度的方法来计算稳定性系数 H。

根据压差流临界雷诺数 $Re_p=2000$，剪切流临界雷诺数 Re_c 等于 2000 或接近 2000，针对压差剪切复合流动，利用压差流形成的速度与剪切流形成的速度矢量和，即复合速度矢量，作为雷诺数的特征速度，并由此计算复合流动的雷诺数 Re_M，以临界复合速度雷诺数 $Re_{Mc}=2000$ 作为出现湍流的判据。即

$$Re_M=\frac{\rho D_e V_m}{\mu} \tag{4-19}$$

或

$$Re_{Mc}=\frac{\rho D_e V_m}{\mu}=2000 \tag{4-20}$$

式中，D_e 为特征尺寸，对于平行平板或同心圆筒(套管)，$D_e=2h$；V_m 为压差流和剪切流形成的复合速度(矢量和)。如果压差流的速度 V_p 和剪切流的速度 V_c 垂直，那么复合速度为

$$V_m=\sqrt{V_p^2+V_c^2} \tag{4-21}$$

式(4-19)或式(4-20)的物理概念清晰，计算简单、实用。

对于压差流的速度 V_p 和剪切流的速度 V_c 相互垂直的情况，复合速度雷诺数式(4-19)和由雷诺数复合的复合雷诺数等效。雷诺数复合的复合雷诺数可以定义为

$$Re_M=\sqrt{Re_p^2+Re_c^2}=\sqrt{\left(\frac{\rho D_e V_p}{\mu}\right)^2+\left(\frac{\rho D_e V_c}{\mu}\right)^2}=\frac{\rho D_e}{\mu}\sqrt{V_p^2+V_c^2}=\frac{\rho D_e V_m}{\mu} \quad (4\text{-}22)$$

式(4-19)与式(4-22)相同，即以复合速度计算的复合雷诺数与以雷诺数复合计算的复合雷诺数是一样的。

2)流动因子复合雷诺数法

Brunetiere 等[19]应用流动因子 α 来表达复合流动的复合雷诺数概念，流动因子定义为

$$\alpha=\sqrt{\left(\frac{Re_c}{1600}\right)^2+\left(\frac{Re_p}{2300}\right)^2} \quad (4\text{-}23)$$

并认为当 $\alpha>1$ 时，流体处于湍流状态；而当 $\alpha<(900/1600)$ 时，流体处于层流状态；当 $\alpha\in[900/1600，1]$时，流动状态属于非层流，但也不是完全湍流，类似泰勒涡的流动状态。

式(4-23)的本质是认为压差流的湍流临界雷诺数 Re_{pc}=2300，剪切流的湍流临界雷诺数 $Re_{c\tau c}$=1600，剪切流的层流临界雷诺数 $Re_{c\tau l}$=900。即对于纯剪切流，当雷诺数 $Re_c<900$ 时为层流，当雷诺数 $Re_c>1600$ 时为湍流，当雷诺数 $Re_c\in$［900，1600］时，流动既非层流，也非湍流，是一种类似于泰勒涡的非稳定二次流。

流动因子法得到了广泛应用[20-23]。

如果取临界雷诺数 Re_{pc}=2000，Re_{cc}=2000，那么相应的流动因子为

$$\alpha_M=\sqrt{\left(\frac{Re_c}{2000}\right)^2+\left(\frac{Re_p}{2000}\right)^2}=\frac{\sqrt{Re_c^2+Re_p^2}}{2000}=\frac{Re_M}{2000} \quad (4\text{-}24)$$

临界流动因子为

$$\alpha_{Mc}=\frac{Re_{Mc}}{2000}=\frac{2000}{2000}=1 \quad (4\text{-}25)$$

即当 $\alpha_{Mc}>1$ 时，复合流动处于湍流状态。可以看出，式(4-19)和式(4-22)的复合速度法与 Brunetiere 的流动因子法［式(4-23)］在本质上是一致的。本书中的复合速度法仅区分湍流和层流，即超过临界复合雷诺数 Re_{Mc}=2000 或临界流动因子 α_{Mc}=1 即为湍流，否则为层流。

4. 端面间气体流动状态的判断

干气密封端面间的气体流动为典型的压差流和剪切流垂直的复合流动(忽略圆周方向的压差流动)。下面利用复合速度法和流动因子法对气体的流动状态进行判断。

以 Gabriel 论文[1,2]提供的螺旋槽干气密封的几何尺寸和运行条件为例进行分析。根据本书 4.1 节计算气膜压力的方法可计算出密封坝各半径处的压力，根据相邻两点的压力差，即可计算出泄漏率对应的各点的径向速度。越靠近出口，气体的径向速度越大。以紧靠出口、半径为 58.6845mm 处的径向速度作为密封坝区的最大速度。在不同膜厚下，该半径处密封坝区的最大径向速度 V_r 如表 4-3 所示。

表 4-3　密封端面槽根处的气膜压力、径向速度

工况	密封间隙 h/mm	气膜压力 p_g/MPa	径向速度 V_r/(m/s)
1	0.00203	5.61529743	32.01486604
2	0.00305	4.551415837	58.3923168
3	0.00508	4.036548243	143.305535

对应半径 58.6845mm 处密封环的周向线速度为 U=63.7946m/s，则气体剪切流动的平均速度 $V_c=U/2$=31.8982m/s。在此状态下，根据式(4-19)、式(4-21)计算的复合速度(V_m)和复合雷诺数(Re_M)见表 4-4。

表 4-4　密封端面坝区的复合速度和复合雷诺数

工况	密封间隙 h_0/mm	复合速度 V_m/(m/s)	复合雷诺数 Re_M
1	0.00203	45.1934	11.3967
2	0.00305	66.5369	25.3884
3	0.00508	146.8127	93.5921

密封端面坝区的径向雷诺数 Re_p 和周向雷诺数 Re_c 见表 4-5。

表 4-5　密封端面坝区径向的雷诺数和周向雷诺数

工况	密封间隙 h_0/mm	径向雷诺数 Re_{pi}	周向雷诺数 Re_{ci}	流动因子 α
1	0.00203	8.140	8.110	0.0057
2	0.00305	22.310	12.185	0.0127
3	0.00508	91.190	20.300	0.0468

根据式(4-21)和式(4-22)计算的 3 种工况下的复合雷诺数 Re_M 分别为 11.3967、25.3884、93.5921，且 $\alpha=Re_M/2000$ 均小于 1，即为层流。

4.1.3　端面摩擦力矩的简化计算

螺旋槽干气密封在离心式压缩机等高速旋转的设备上获得了广泛应用[24,25]。

尽管端面气膜的黏性很小，但由于旋转速度高，端面间由气膜黏性剪切产生的摩擦功耗相当可观，不可忽略。准确、快速地计算干气密封端面的摩擦功耗有利于干气密封的设计、操作和运行监控。端面摩擦力矩与旋转角速度的乘积即为端面摩擦功耗。确定端面摩擦功耗的关键即是对端面摩擦力矩的确定。端面摩擦力矩的本质是端面摩擦力。对于非接触的干气密封，端面摩擦力即为端面间流体的内摩擦力，即黏性剪切力。对于常见的气体，它遵循牛顿黏性剪切定律。

本书提出当量间隙的概念，它基于间隙等体积的思想，考虑端面开槽对流体间隙的影响。近似认为，当量间隙构成的流体所产生的摩擦功耗等于实际间隙构成的流体所产生的摩擦功耗。基于当量间隙，直接利用牛顿黏性剪切定律计算端面开槽非接触机械密封端面的摩擦力矩，并以螺旋槽干气密封为例，与 Muijderman 公式[4]、Gabriel[1,2]公式和 Sedy[26]公式的计算结果进行对比分析。

1. 摩擦力矩的解析计算

1) 当量间隙简化算法

针对端面开槽干气密封，考虑槽深对间隙的影响，提出当量间隙的概念，即当量间隙构成的流体体积等于实际间隙构成的流体体积，并假定当量间隙构成的流体所产生的摩擦功耗等于实际间隙构成流体所产生的摩擦功耗，本书 2.6.5 节已对此进行了简要介绍。当量间隙的概念如图 4-3 所示，圆周方向开槽区的间隙为 h_1，开槽宽度(槽宽)为 a_1；圆周方向非开槽区(台区)的间隙为 h_0，台区宽度为 a_2，台槽比 $\gamma=a_2/a_1$，槽深 $h_g=h_1-h_0$。在整个台槽区，假定存在一当量间隙 h_e，以当量间隙 h_e 构成的流体所产生的摩擦功耗等于以槽区间隙 h_1 和台区间隙 h_0 构成的流体所产生的摩擦功耗。按等摩擦功耗、等间隙流体体积、运动方向等横截面积的思想，可以得出：

$$a_1h_1 + a_2h_0 = \left(a_1 + a_2\right)h_e$$

式中，a_1 和 a_2 分别为槽宽和台宽；h_0 为非槽区的气膜厚度；h_1 为槽区的气膜厚度，$h_1=h_0+h_g$；h_g 为螺旋槽深度。

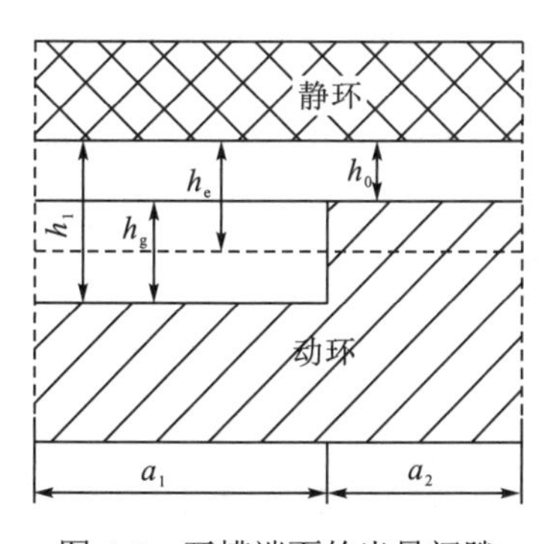

图 4-3　开槽端面的当量间隙

通过简单变换可得 h_e 为

$$h_e = h_0 + \frac{1}{1+\gamma} h_g \tag{4-26}$$

这样，将开槽干气密封端面间具有不等间隙(h_1 与 h_0)的流体膜简化为等间隙(h_e)的流体膜，可使计算变得非常方便。这种简化仅考虑了槽深 h_g 和台槽比 γ 的影响，但无法考虑螺旋角等因素的影响。

直接利用牛顿黏性剪切定律，密封端面间流体膜产生的总摩擦力矩为台槽区摩擦力矩加上密封坝区摩擦力矩。对于密封坝在内侧的外高压非接触机械密封，其总摩擦力矩的计算式为

$$M_S = \int_{r_i}^{r_g} \frac{2\pi\mu\omega}{h_0} r^3 \mathrm{d}r + \int_{r_g}^{r_o} \frac{2\pi\mu\omega}{h_e} r^3 \mathrm{d}r \tag{4-27}$$

式中，μ 为流体的动力黏度；ω 为密封环旋转的角速度；r_i 为密封环内半径；r_g 为槽根处半径；r_o 为密封环外半径。

2) Sedy 计算方法

1980 年，Sedy[26]在考虑干气密封摩擦功耗的计算时，直接忽略了螺旋槽的影响，认为整个密封端面的间隙均为非槽区膜厚 h_0，将动静环简化成间隔为 h_0 的两平行圆板，其计算公式为

$$M_{Se} = \int_{r_i}^{r_o} \frac{2\pi\mu\omega}{h_0} r^3 \mathrm{d}r \tag{4-28}$$

积分后可得

$$M_{Se} = \frac{\pi\mu\omega\left(r_o^4 - r_i^4\right)}{2h_0} \tag{4-29}$$

3) Muijderman 计算方法

针对端面螺旋槽结构，Muijderman[4]在 1966 年推导了螺旋槽止推轴承端面摩擦力矩的公式，该式被认为是最经典、最准确的计算螺旋槽结构摩擦力矩的近似解析计算式，具体形式如下：

$$M_{M1} = \frac{\pi\mu\omega}{2h_0}\left(r_o^4 - r_g^4\right) g_3(\alpha, H, \gamma) - \int_{r_g}^{r_o} \frac{2\mu S_t}{\rho_0 h_1 h_0} g_{10}(\alpha, H, \gamma) r \mathrm{d}r \tag{4-30}$$

其中，

$$\begin{cases} g_3(\alpha, H, \gamma) = \left[r + H + \dfrac{3\gamma H (1-H)^2 (1+\gamma H^3)}{g_5(\alpha, H, \gamma)} \right] \Big/ (1+\gamma) \\ g_{10}(\alpha, H, \gamma) = \dfrac{3\gamma H \cot\alpha (1-H)(1-H^3)}{g_5(\alpha, H, \gamma)} \\ g_5(\alpha, H, \gamma) = (1+\gamma H^3)(\gamma + H^3) + H^3 (1+\gamma)^2 \cot^2\alpha \end{cases} \tag{4-31}$$

对于螺旋槽干气密封，因为气体密度随端面压力的变化而变化，所以式(4-30)应做如下修正，即

$$M_{\mathrm{M1}}=\frac{\pi\mu\omega}{2h_0}\left(r_{\mathrm{o}}^4-r_{\mathrm{g}}^4\right)g_3(\alpha,H,\gamma)-\int_{r_g}^{r_o}\frac{2\mu S_{\mathrm{t}}}{\dfrac{p(r)}{RT}h_1h_0}g_{10}(\alpha,H,\gamma)r\mathrm{d}r \tag{4-32}$$

所以，螺旋槽干气密封端面摩擦力矩的 Muijderman 算法为

$$M_{\mathrm{M}}=\int_{r_{\mathrm{i}}}^{r_{\mathrm{g}}}\frac{2\pi\mu\omega}{h_0}r^3\mathrm{d}r+M_{\mathrm{M1}} \tag{4-33}$$

4) Gabriel 计算方法

Gabriel 论文[1,2]在 1979 年给出了螺旋槽干气密封端面摩擦力矩的计算公式，即

$$M_{\mathrm{G1}}=\int_{r_{\mathrm{g}}}^{r_{\mathrm{o}}}\frac{2\pi r^3\omega\mu}{h_0}\left[g_3(\alpha,H,\gamma)-\frac{S_{\mathrm{t}}RT}{\pi\omega r^2h_1(p_{\mathrm{o}}-p_{\mathrm{i}})}\cdot g_{10}(\alpha,H,\gamma)\right]\mathrm{d}r \tag{4-34}$$

式(4-34)与式(4-30) 的唯一区别就是式(4-34)中用$p_{\mathrm{o}}-p_{\mathrm{i}}$代替了式(4-32)中的$p(r)$，其中，$p_{\mathrm{i}}$为内径处压力，Gabriel 给出的算例$p_{\mathrm{i}}$为大气压力。

因此，总的摩擦力矩为

$$M_{\mathrm{G}}=\int_{r_i}^{r_{\mathrm{g}}}\frac{2\pi\mu\omega}{h_0}r^3\mathrm{d}r+M_{\mathrm{G1}} \tag{4-35}$$

2. 摩擦力矩解析计算对比

以 Gabriel 论文[1,2]及王玉明论文[27]提供的算例为例，分别采用以上 4 种计算方法对不同气膜厚度的摩擦力矩进行计算，并对计算结果进行对比分析。

1) Gabriel 论文提供的算例

Gabriel[1,2]在其论文中给出的螺旋槽干气密封的结构尺寸和运行条件为：r_{o}=77.78mm，r_{i}=58.42mm，r_{g}=69mm，α=15°，γ=1，h_{g}=0.005mm；气体为空气，温度 T=30℃，p_{o}=4.5852MPa，p_{i}=0.1013MPa，平均半径处的线速度 v=74.030m/s，气体常数 R_{u}=8.314472J/(mol·K)，动力黏度 $\mu=1.86\times10^{-5}$Pa·s，角速度 ω=1087.08rad/s。

用上面介绍的计算端面摩擦力矩的 4 种方法分别求出 h_0 在 2.0～6.5μm 10 个厚度下的摩擦力矩，其结果比较如图 4-4 所示。

从图中可以看出，Muijderman 和 Gabriel 算法的结果曲线基本重合，因为两种算法的主要区别在台槽区的压力取值不同，且位于积分项第二项的分母位置，所以当外径处的压力较大时，两种算法的结果相差很小。Sedy 的简化算法将台槽区的膜厚按照密封坝区的膜厚 h_0 来计算，所以计算结果偏大。本书作者提出的简化算法相比于 Sedy 的算法，计算结果更接近 Muijderman 算法的结果，当膜厚较小时，结果偏小；随着膜厚的增加，与 Muijderman 算法结果的偏差越来越小。在常见工作间隙 3～5μm 的情况下，本书作者提出的方法具有足够的计算精度。

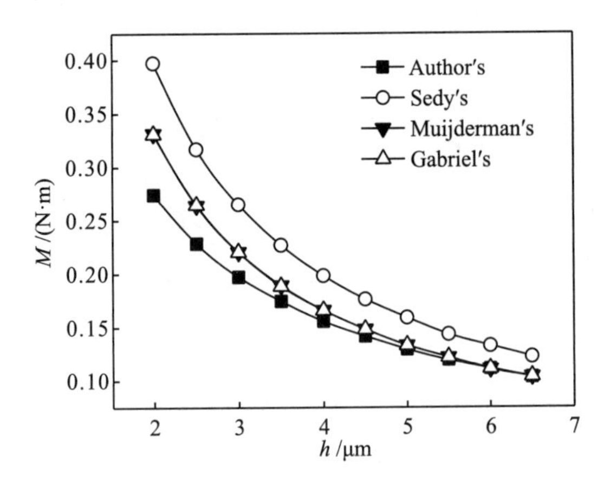

图 4-4 Gabriel 算例的摩擦力矩的比较

2) 王玉明等论文提供的算例

第二个算例以王玉明等[27]论文中的人字形螺旋槽为实例，其结构如图 4-5 所示，结构尺寸和运行条件如下：r_o= 85mm，r_{g1} =75mm，r_3 =74mm，r_{g2} =71mm，r_i =66.5mm，α =15°，γ =1，h_g =8.5μm；气体温度 T =60℃，p_o =0.6MPa，p_i =0.1MPa，ω =921.53 rad/s，μ =1.9 ×10^{-5}Pa·s。

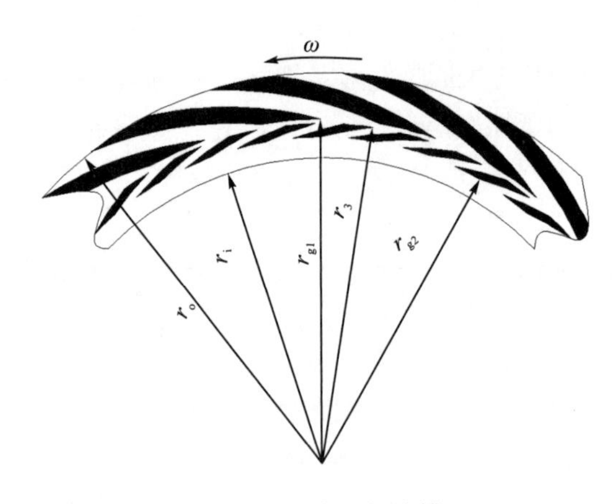

图 4-5 人字形螺旋槽

同样用 4 种方法分别求出 h_0 在 2.0～6.5μm 等 10 个厚度下的摩擦力矩，其结果比较如图 4-6 所示。

从图中可以看出，4 种算法的摩擦力矩随膜厚的变化曲线与图 4-4 的变化趋势基本相同，本书作者提出的算法与 Muijderman 的算法相比结果偏小，当膜厚 h_0

较小时，偏差较大；但随着膜厚 h_0 的增加，其偏差逐渐缩小。在常见工作间隙 3～5μm 的情况下，具有足够的计算精度。

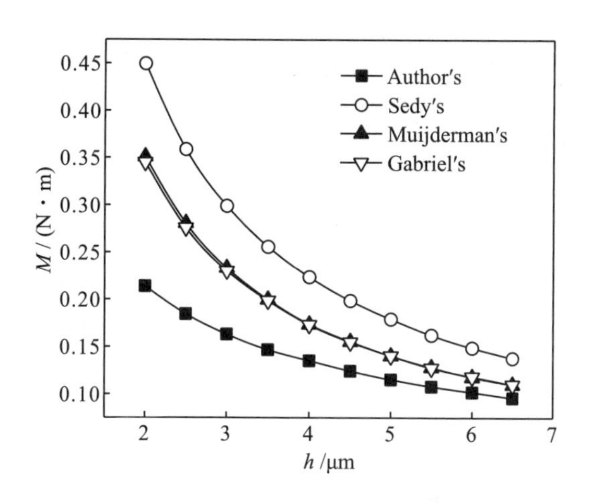

图 4-6　王玉明算例的摩擦力矩对比

4.1.4　滑移流影响螺旋槽干气密封性能的解析法

当螺旋槽干气密封低速运转时，动环与静环间距可达到微米级，接近气体分子的平均自由程。此时分子之间的相互碰撞较少，取而代之的是气体分子与固体壁面间的碰撞较多，从而出现边界速度滑移现象，即流体的速度与边界的速度不同步，出现滑移，这种现象称为滑移流效应。滑移流效应的本质是流体与固体壁面间的黏附能力下降，流体速度与固体壁面速度出现差异，形成滑移，其宏观表现等效于流体黏度的降低，因此可以采用有效黏性系数来表示滑移流效应。本书采用有效黏性系数方程对 Muijderman 螺旋槽窄槽理论的气膜压力控制方程进行修正并加以求解，获得了不同滑移流模型对干气密封端面开启力、泄漏量、气膜刚度的影响规律，并与数值计算结果相比较，结果显示解析法能清楚地表达变量之间的关系，计算迅速、直观、结果唯一，且有利于进行优化设计。

1. 修正螺旋槽的压力控制方程

1) 有效黏性系数方程

当干气密封在低速运转时，动环与静环间的间距很小，接近分子的平均自由程，此时气体的滑移流效应不能忽略。滑移流效应的宏观表现等效于黏度的减小。考虑滑移流效应后的气体黏度称为有效黏性系数 μ_{eff}，其方程为[28]

$$\mu_{\mathrm{eff}}=\frac{\mu}{1+f\left(K_{\mathrm{n}}\right)} \tag{4-36}$$

$$K_{\mathrm{n}}=\frac{\lambda}{h_0} \tag{4-37}$$

$$\lambda=\frac{16}{5}\frac{\mu}{p}\left(\frac{RT}{2\pi}\right)^{0.5} \tag{4-38}$$

由于 Burgdorfer [29]建立的滑移流模型简便、准确且应用更为广泛，故本书基于 Burgdorfer 建立的滑移流模型计算有效黏性系数，取

$$\mu_{\mathrm{eff}}=\frac{\mu}{1+6K_{\mathrm{n}}} \tag{4-39}$$

将式(4-37)、式(4-38)依次代入式(4-39)中，得到基于 Burgdorfer 滑移流模型的有效黏性系数的表达式：

$$\mu_{\mathrm{eff}}=\frac{\mu}{1+\dfrac{96}{5}\dfrac{\mu}{p}\left(\dfrac{RT}{2\pi}\right)^{0.5}\dfrac{1}{h_0}} \tag{4-40}$$

2)滑移流效应修正的气膜压力控制方程

若不考虑滑移流效应，基于 Muijderman 窄槽理论基础[4]建立的气膜压力控制方程如下所示。

对于密封坝区为式(4-2)，即

$$\frac{\mathrm{d}p}{\mathrm{d}r}=\frac{6\mu S_{\mathrm{t}}}{\pi h_0^3}\frac{RT}{p}\frac{1}{r}$$

对于螺旋槽区为式(4-3)，即

$$\frac{\mathrm{d}p}{\mathrm{d}r}=-\frac{6\mu\omega g_1}{h_0^2}r+\frac{6\mu S_{\mathrm{t}}g_2}{\pi h_1 h_0^2}\frac{RT}{p}\frac{1}{r}$$

用式(4-40)的有效黏性系数 μ_{eff} 代替式(4-2)、式(4-3)中的动力黏度 μ，得到考虑滑移流效应的气膜压力控制方程。

对于密封坝区：

$$\frac{\mathrm{d}p}{\mathrm{d}r}=\frac{6S_{\mathrm{t}}RT}{\pi h_0^3}\frac{1}{pr}\frac{\mu}{1+6\cdot\dfrac{16}{5}\dfrac{\mu}{p}\left(\dfrac{RT}{2\pi}\right)^{0.5}\dfrac{1}{h_0}} \tag{4-41}$$

对于螺旋槽区：

$$\frac{\mathrm{d}p}{\mathrm{d}r}=-\frac{6\omega g_1 r}{h_0^2}\frac{\mu}{1+6\cdot\dfrac{16}{5}\dfrac{\mu}{p}\left(\dfrac{RT}{2\pi}\right)^{0.5}\dfrac{1}{h_0}}+\frac{6S_{\mathrm{t}}g_2RT}{\pi h_1h_0^2pr}\frac{\mu}{1+6\cdot\dfrac{16}{5}\dfrac{\mu}{p}\left(\dfrac{RT}{2\pi}\right)^{0.5}\dfrac{1}{h_0}} \tag{4-42}$$

2. 气膜控制方程的求解

求解方程式(4-41)，可获得密封坝区的气体质量流量为

$$S_{\mathrm{t}}=\frac{\pi h^{3}\left[\left(p_{\mathrm{g}}{}^{2}-p_{\mathrm{i}}{}^{2}\right)+12\cdot\frac{16}{5}\mu\left(\frac{RT}{2\pi}\right)^{0.5}\frac{1}{h}\left(p_{\mathrm{g}}-p_{\mathrm{i}}\right)\right]}{12\mu RT\ln\left(\frac{r_{\mathrm{g}}}{r_{\mathrm{i}}}\right)} \tag{4-43}$$

式中，p_{i}为r_{i}处的气膜压力；p_{g}为r_{g}处的气膜压力；r_{g}为螺旋槽根处的半径。

根据质量守恒定律，通过开有螺旋槽的台槽区的质量流量等于通过密封坝区的质量流量，即 S_{t}，式(4-43)中含有未知量 p_{g}，需要联立式(4-42)，通过试算法进行求解。计算流程图见图 4-7，具体求解步骤见本书第 2 章。

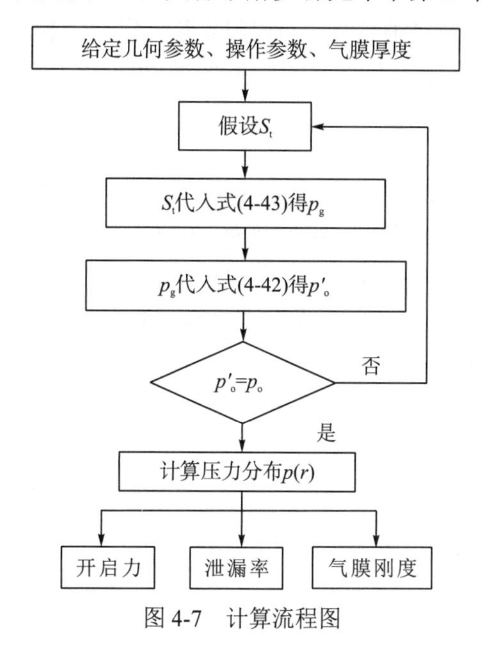

图 4-7　计算流程图

3. 密封性能参数计算

1) 端面开启力

获得端面气膜压力的分布后，在整个密封端面上进行积分，可获得端面开启力：

$$F_{\mathrm{o}}=\int_{r_{\mathrm{i}}}^{r_{\mathrm{o}}}p\left(r\right)\cdot2\pi r\mathrm{d}r$$

2) 泄漏率

流过密封坝的质量流量为密封端面的质量泄漏率：

$$S_{\mathrm{t}}=\frac{\pi h_{0}^{3}\left(p_{\mathrm{g}}^{2}-p_{\mathrm{o}}^{2}\right)}{12\mu RT\ln\left(\frac{r_{\mathrm{o}}}{r_{\mathrm{g}}}\right)}$$

3) 气膜刚度

气膜刚度是表征气膜抵抗变形的能力，它是由单位气膜厚度变化引起的端面开启力的变化。即

$$C = -\frac{\mathrm{d}F_0}{\mathrm{d}h_0}$$

4. 密封性能参数的影响因素分析

以一具体算例来分析滑移流对密封性能参数的影响。

干气密封的算例参照文献[30]、文献[31]，其几何参数和操作参数为：r_{i}=30mm，r_{g}=34.8mm，r_{o}=42mm，p_{i}=0.1013MPa，p_{o}=0.2020MPa，α=20°，h_{g}=2.5μm，γ=1，μ=1.79×10^{-5}Pa·s，T=300K。

1) 基于 Burgdorfer 模型的计算结果

当转速分别为 300r/min、400r/min、500r/min 时，在膜厚 0.6～1.2μm 取 11 个不同膜厚计算开启力、泄漏率、气膜刚度，并与文献[30]和文献[31]的有限元法(FEM)结果进行比较，分别如图 4-8～图 4-10 所示。

图 4-8 为不同转速下开启力随膜厚的变化规律。近似解析法与有限元法所揭示的变化趋势一致，近似解析法的结果略大于有限元法的结果。随着膜厚的增加，其差距逐步缩小。由于近似解析法采用窄槽理论，假设槽数无穷多，大于实际情况，故开启力略高。针对开启力，近似解析法的计算结果与对照文献有限元法计算结果的对比如图 4-9 所示，包括考虑滑移流和未考虑滑移流两种情况。从图中可以看出，近似解析法计算滑移流和非滑移流的结果，与有限元法计算滑移流和非滑移流的结果误差不超过 10%。这说明近似解析法计算的有效性较高。

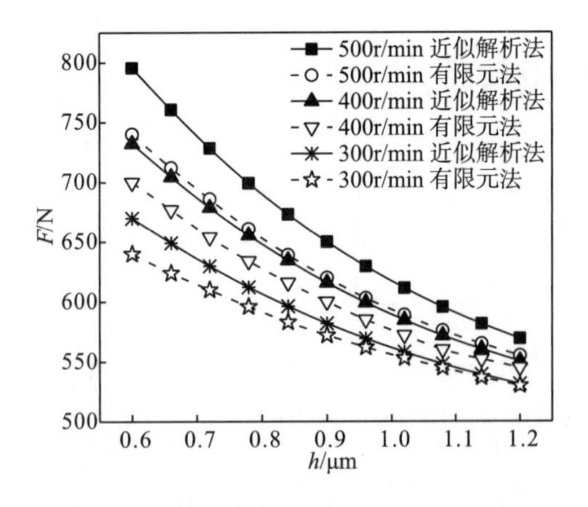

图 4-8 不同转数下不同膜厚开启力对比

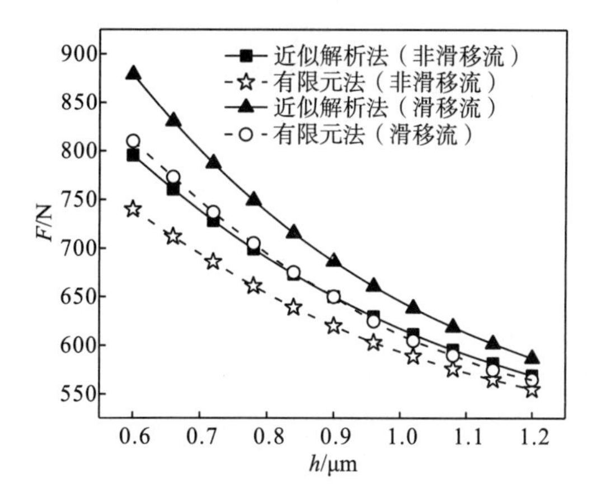

图 4-9　当转速为 500r/min 时考虑滑移流与未考虑滑移流的开启力对比

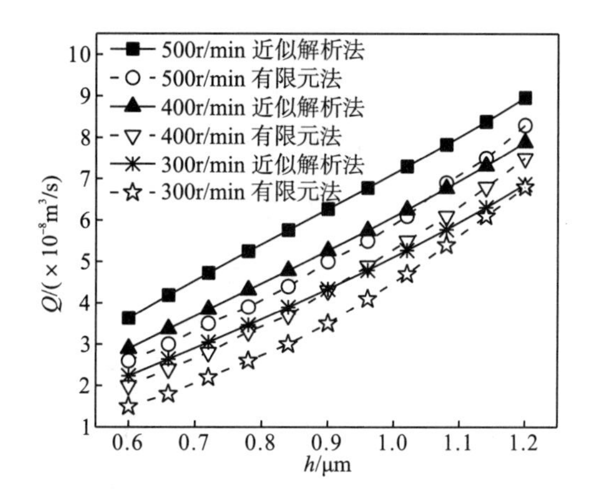

图 4-10　不同转速下不同膜厚体积泄漏率对比

图 4-10 为体积泄漏率的变化规律。泄漏率已由计算时的质量流量转化为标准状态下的体积流量。相同膜厚下转速越高，泄漏率越大。转速相同时，随着膜厚由 0.6μm 增大至 1.2μm，泄漏率不断增大。计算结果显示，相同转速下泄漏率随膜厚近似呈直线关系，其主要原因是随着膜厚的增加，槽根处的压力 p_g 逐渐降低。如果槽根处的压力 p_g 保持不变，那么理论分析表明泄漏率将与间隙 h 的三次方成正比。近似解析法的计算结果在膜厚较小时与有限元法的结果有较大差异，但最大误差未超过 15%。

图 4-11 为不同转速下不同膜厚的气膜刚度对比。膜厚不变，转速越高，气膜刚度越大。在相同转速下，膜厚增加，气膜刚度下降。书中算法结果在较高膜厚时与有限元法的结果基本重合，随着膜厚的降低产生较明显的差别，但两种算法的误差未超过 15%。

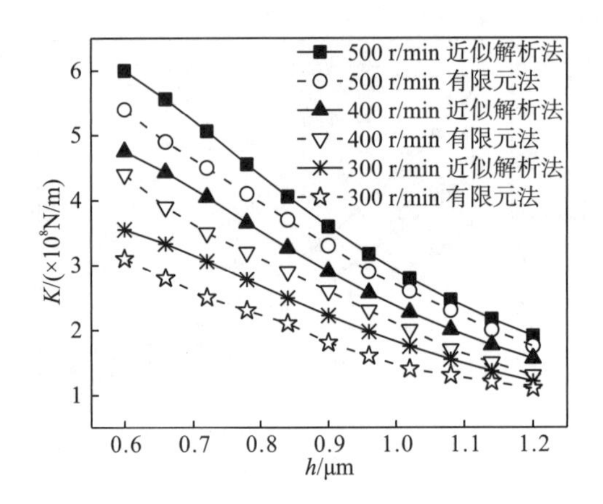

图 4-11 不同转数下不同膜厚气膜刚度对比

从以上分析可以看出，采用有效黏度计算干气密封的微尺度滑移效应是可行的。由于近似解析法的计算速度快，易于进行优化设计，可用于指导干气密封的初步设计、分析和操作。当然，更详细的分析建议采用有限元、有限体积等数值分析方法。

2) 不同滑移流模型的计算结果

在研究微尺度滑移流效应时，除 Burgdorfer 模型外，还提出了许多模型[28]。这里，针对给定的算例，选取转速 $n = 500\text{r/min}$，在 0.6～1.2μm 取 11 个不同膜厚，通过 Veijola[32]、Hisa [33]、Li[34]等的滑移流模型计算开启力、泄漏率、气膜刚度，并与之前计算过的 Burgdorfer 模型及有限元法的结果进行比较。Burgdorfer、Veijola、Hisa、Li 采用滑移流模型下的有效黏性系数分别为 $\dfrac{\mu}{1+6K_n}$、$\dfrac{\mu}{1+9.638K_n^{1.159}}$、$\dfrac{\mu}{1+6K_n+6K_n^2}$、$\dfrac{\mu}{1+6.8636K_n^{0.9906}}$。

将式(4-37)和式(4-38)依次代入有效黏性系数的表达式中，得到包含压力的有效黏性系数的表达式，类似式(4-40)，再将其替换式(4-2)和式(4-3)中的动力黏度，分别得到基于不同滑移流模型的螺旋槽干气密封气膜压力控制方程，根据气膜压力控制方程求得开启力、泄漏率、气膜刚度 3 种密封性能，结果分别如图 4-12～图 4-14 所示。

由图 4-12 可以看出，针对开启力，不同滑移流模型下近似解析法结果的差异很小，其中应用 Li 的数据拟合法建立的滑移流模型的结果最接近有限元算法的结果。

图4-13 为泄漏率规律，在膜厚较低时几种不同模型下的解析法结果基本重合，基于 Burgdorfer 滑移流模型的结果较接近有限元法，当膜厚超过 0.9μm 后，几种不同模型下的解析法结果开始分离，其中基于 Li 的滑移流模型的解析法结果分离得最为明显，但几种解析法结果与有限元法结果的差别基本相同。

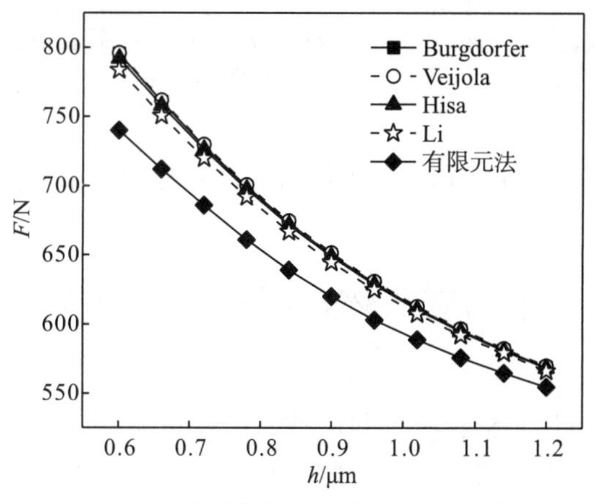

图 4-12　不同滑移流模型下开启力对比

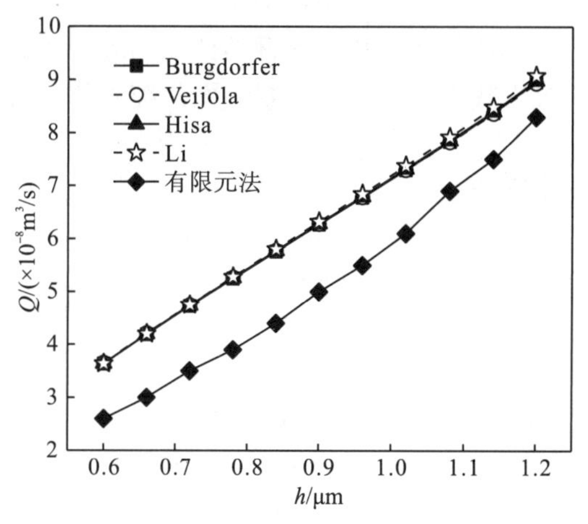

图 4-13　不同滑移流模型下体积泄漏率对比

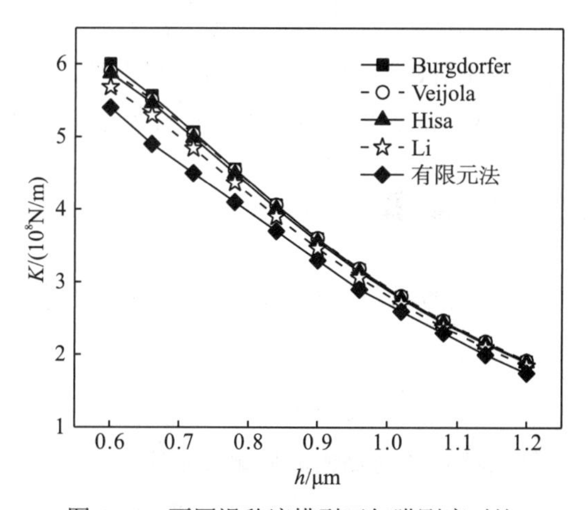

图 4-14　不同滑移流模型下气膜刚度对比

图 4-14 为气膜刚度规律，从中易发现基于 Li 滑移流模型解析法的结果较其他三种解析法略低，更接近有限元法。基于其他三种滑移流模型解析法的结果在膜厚较高时基本重合。

综上观察，基于 Li 的滑移流模型的解析法结果与有限元法更接近。

4.2 泵出式气体润滑螺旋槽机械密封

泵出式气体润滑螺旋槽机械密封简称泵出式螺旋槽干气密封，其螺旋槽开在密封环的内侧，密封坝在密封环的外侧，密封环的旋转使气体从内径处经端面被泵向外径处，称为泵出式结构。泵出式干气密封主要用在泵等设备上，以实现气体对液体的密封。在泵出式干气密封中，被密封的液体仍在密封环的外侧，但密封环的内侧是带压的气体，气体的压力比液体的压力高，少量的密封气体会进入被密封的液体介质。泵出式干气密封的密封端面是纯气体润滑的干气密封。

4.2.1 气膜控制方程

根据本书第 2 章，泵出式气体润滑螺旋槽机械密封端面的气膜压力控制方程如下。

对于密封坝区：

$$\frac{\mathrm{d}p}{\mathrm{d}r}=-\frac{6\mu S_{\mathrm{t}}}{\pi h_0^{\ 3}}\cdot\frac{RT}{p}\cdot\frac{1}{r} \tag{4-44}$$

对于螺旋槽区：

$$\frac{\mathrm{d}p}{\mathrm{d}r}=\frac{6\mu\omega g_1}{h_0^2}r-\frac{6\mu S_{\mathrm{t}}g_2}{\pi h_1 h_0^2}\frac{RT}{p}\frac{1}{r} \tag{4-45}$$

为了获得泵出式气体润滑螺旋槽机械密封端面的气膜压力分布，需联立方程式(4-54)、式(4-55)通过试算法求解，具体求解过程见本书第 2 章。

4.2.2 密封性能参数计算

获得端面的气膜压力分布后，在整个密封端面上进行积分，可获得端面开启力。

$$F_{\mathrm{o}}=\int_{r_{\mathrm{i}}}^{r_{\mathrm{o}}}p(r)\cdot 2\pi r\mathrm{d}r$$

流过密封坝的质量流量为密封端面的质量泄漏率，即

$$S_{\mathrm{t}}=\frac{\pi h_{0}^{3}\left(p_{\mathrm{g}}^{2}-p_{\mathrm{o}}^{2}\right)}{12\mu RT\ln\left(\dfrac{r_{\mathrm{o}}}{r_{\mathrm{g}}}\right)}$$

以 Gabriel 论文[1,2]中的泵入式密封结构为例，其几何尺寸和运行条件为：r_{o}=77.78mm，r_{i}=58.42mm，r_{g1}=69mm，α=15°，γ=1，h_{g}=0.005mm，p_{o1}=4585.2kPa，p_{i1}=101.3kPa，气体为空气，温度为 30℃；气体常数 R_{u}=8.314J/(mol·K)，密度 ρ=1.164kg/m^3，气体黏度 μ=1.86×10^{-5}Pa·s；平均直径处的线速度 U=74.030m/s，相当于角速度 ω=1087.08 rad/s 或转速 n=10380.8r/min。根据密封坝等宽(半径方向)、螺旋槽等宽(半径方向)的原则，将 Gabriel 提供的泵入式结构转化为对应的泵出式结构，即泵出式螺旋槽干气密封的几何尺寸和运行条件为：r_{o}=77.78mm，r_{i}=58.42mm，r_{g2}=67.2mm，α=15°，γ=1，h_{g}=0.005mm；p_{o2}=4585.2kPa，p_{i2}=101.3kPa。其他同泵入式结构[35]。

间隙 h_0=0.00203mm 泵出式结构端面的气膜压力分布如图 4-15 所示。从图中可以看出，对于泵出式结构，螺旋槽的泵送作用使端面气膜压力随半径的增加而增加，直至到达螺旋槽与密封坝的交界处(r=r_{g})达到最大。在密封坝区，气膜压力 $p(r)$随半径 r 的增加呈非线性下降的趋势，直至达到其边界压力 p_{o}。

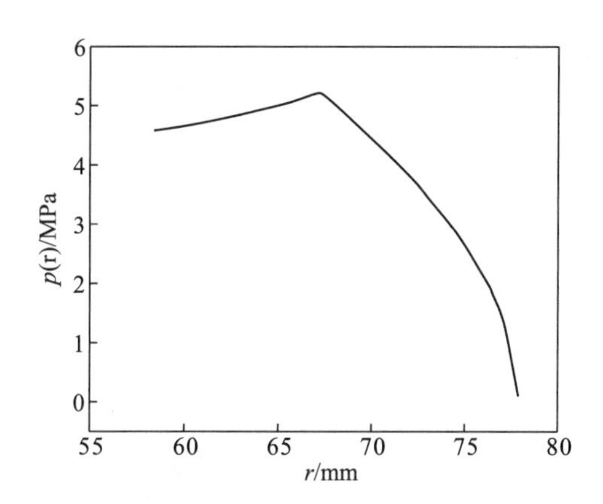

图 4-15　泵出式螺旋槽干气密封端面的气膜压力分布(h=0.00203mm)

4.2.3　“泵出式”与“泵入式”螺旋槽干气密封性能参数对比

“泵出式”与“泵入式”干气密封性能参数如表 4-6 所示。从表中可以看出，对于体积泄漏率 Q_0，“泵出式”与“泵入式”的差别并不明显，但这里并没有考虑离心力的影响；而对于槽根处压力 p_{g} 和端面开启力 F_{o}，“泵出式”明显小于“泵入式”，且“泵出式”的开启力与“泵入式”的开启力相比大约小 10%。

表 4-6 “泵出式”与“泵入式”干气密封性能参数

工况	间隙 h/μm	指标	泵出式 r_{g2}=67.2mm p_{o2}=101.3kpa p_{i2}=4585.2kpa	泵入式 r_{g1}=69mm p_{o1}=4585.2kpa p_{i1}=101.3kpa
1	2.03	泄漏率 Q_0/(m^3/h)	0.7036	0.7142
		槽根处压力 p_g/MPa	5.2237	5.6154
		端面开启力 F_o/kN	33.191	37.040
2	3.05	泄漏率 Q_0/(m^3/h)	1.6205	1.5912
		槽根处压力 p_g/MPa	4.3050	4.5514
		端面开启力 F_o/kN	28.782	31.832
3	5.08	泄漏率 Q_0/(m^3/h)	5.9850	5.7821
		槽根处压力 p_g/MPa	3.8492	4.0365
		端面开启力 F_o/kN	26.597	29.318

4.3 单双列螺旋槽干气密封性能比较

双列螺旋槽密封端面上设置了两列螺旋槽，一列位于上游高压侧，为泵入式槽，也称为主螺旋槽；另一列位于下游低压侧，为泵出式槽，也称为副螺旋槽。两列螺旋槽的螺旋角方向相反，所起的作用也不相同。一般认为，同样工况下双列螺旋槽干气密封较单列螺旋槽干气密封具有更高的气膜刚度[36]。本节针对某一双列螺旋槽干气密封，其端面几何结构如图 4-16 所示。基于窄槽理论，可获得其压力分布、端面开启力及气膜刚度与膜厚的拟合曲线，并与单列螺旋槽干气密封进行对比。

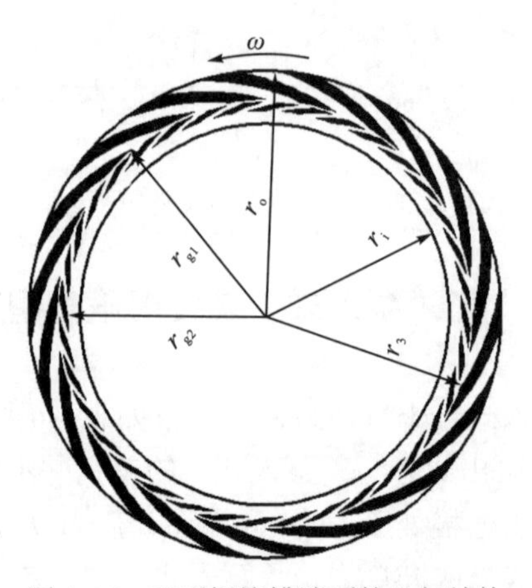

图 4-16 双列螺旋槽端面的几何结构

4.3.1 螺旋槽端面的气膜压力控制方程

1. 单列螺旋槽密封端面的气膜压力控制方程

对于密封坝区($r_i \leqslant r \leqslant r_g$)的气膜压力：

$$\frac{\mathrm{d}p}{\mathrm{d}r}=\frac{6\mu S_t}{\pi h_0^3}\frac{RT}{p}\frac{1}{r} \tag{4-46}$$

对于泵入式螺旋槽区($r_g \leqslant r \leqslant r_o$)的气膜压力：

$$\frac{\mathrm{d}p}{\mathrm{d}r}=-\frac{6\mu\omega g_1}{h_0^2}r+\frac{6\mu S_t g_2}{\pi h_1 h_0^2}\frac{RT}{p}\frac{1}{r} \tag{4-47}$$

2. 双列螺旋槽密封端面的气膜压力控制方程

下游侧坝区(主坝区)($r_i \leqslant r \leqslant r_{g2}$)和两列槽区之间坝区(副坝区)($r_3 \leqslant r \leqslant r_{g1}$)的控制方程同式(4-56)；上游高压侧泵入式螺旋槽区(主螺旋槽区)($r_{g1} \leqslant r \leqslant r_o$)的气膜压力控制方程同式(4-57)；下游低压侧泵出式螺旋槽区(副螺旋槽区)($r_{g2} \leqslant r \leqslant r_3$)的气膜压力控制方程为式(2-59)，即

$$\frac{\mathrm{d}p}{\mathrm{d}r}=\frac{6\mu\omega g_1}{h_0^2}r-\frac{6\mu S_t g_2}{\pi h_1 h_0^2}\frac{RT}{p}\frac{1}{r} \tag{4-48}$$

4.3.2 单双列螺旋槽干气密封性能对比

1. 算例

本次计算的双列螺旋槽干气密封参数来源于文献[27]的算例1。具体计算过程及结果已在期刊论文发表[37]。

双列螺旋槽干气密封端面的参数：外半径 r_o=85mm，内半径 r_i =66.5mm，大槽槽底半径 r_{g1}=75mm，小槽槽底半径 r_{g2}=71mm，小槽槽顶半径 r_3=74mm，平衡半径 r_b=74mm，螺旋角 α=15°，台槽比 γ=1，槽深 h_g =0.0085mm，槽数 n=18。

单列螺旋槽干气密封端面的参数：外半径 r_o =85mm，内半径 r_i = 66.5mm，槽底半径 r_g =75mm，螺旋角 α=15°，台槽比 γ =1，槽深 h_g=0.0085mm，平衡半径 r_b=74mm，槽数 n =18。

两种螺旋槽干气密封具有相同的操作参数：外压 p_o=0.6MPa，内压 p_i=0.1MPa，角速度 ω =921.53rad/s，弹簧比压 p_{sp}=0.01MPa，温度 T= 60℃，黏度 μ=1.9×10^{-5}Pa·s，密封端面的介质为氮气。

2. 算例验证

为了验证计算程序的正确性，针对双列螺旋槽干气密封，将本书程序的计算

结果与文献[27]算例 1 的一维(窄槽理论)计算结果进行比对，比对结果见表 4-7。

表 4-7 本书程序计算结果与文献[27]计算结果的比对

	h_0/μm	F_o/N	S_t/(kg/s)	K_z/(N/m)
文献[27]结果	5.94	4620	1.295×10^{-4}	3.25×10^{8}
本书计算值	5.94	4638.35	1.248×10^{-4}	3.32×10^{8}
	5.966	4620	1.271×10^{-4}	3.22×10^{8}

可知，在膜厚相同或开启力相同的情况下，计算结果均与文献[27]的计算结果比较接近，说明本书作者编制的计算程序是可行的。本书计算结果与文献值存在的微小差异可能源于物性参数选取的差异和计算方法或计算收敛精度的差异。

3. 密封性能对比

1)开启力和泄漏率

表 4-8 为两种螺旋槽干气密封在不同膜厚下的开启力和泄漏率。从表中可以看出，与单列螺旋槽干气密封相比，在同一膜厚下，双列螺旋槽干气密封的开启力稍小，而泄漏率稍大。主要原因是双列螺旋槽干气密封端面的气膜压力分布曲线与单列螺旋槽的气膜压力分布曲线出现交叉。图 4-17 为 h_0=4μm 时两种螺旋槽干气密封的压力分布。从图中可以看出，双列螺旋槽小槽槽底(r =0.071m)处的气膜压力大于同半径处单列螺旋槽密封端面的压力，因此其具有较大的泄漏率。而在大槽槽底(r =0.075m)处，双列螺旋槽的气膜压力小于单列螺旋槽的气膜压力，两种螺旋槽密封端面的径向压力分布曲线发生交叉，由此可以解释双列螺旋槽干气密封的开启力偏小而泄漏率偏大的原因。

表 4-8 两种螺旋槽干气密封在不同膜厚下的开启力和泄漏率

气膜厚度 h_0/μm	单列螺旋槽		双列螺旋槽	
	开启力 F_0/N	泄漏率 S_t/($\times10^{-4}$kg/s)	开启力 F_0/N	泄漏率 S_t/($\times10^{-4}$kg/s)
2	11479.540	0.3607	11465.25	0.3670
3	7681.048	0.4603	7643.439	0.5122
3.5	6653.441	0.5024	6602.015	0.5850
4	5955.590	0.5541	5893.678	0.6729
4.5	5472.728	0.6204	5403.014	0.7820
5	5131.631	0.7043	5055.778	0.9161
5.5	4885.501	0.8076	4804.551	1.0787
6	4704.221	0.9323	4618.788	1.2725
6.5	4568.065	1.0798	4478.550	1.5002
7	4463.911	1.2519	4370.575	1.7644

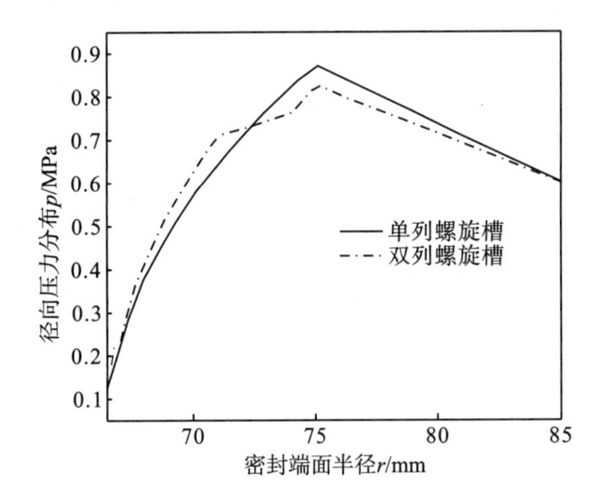

图 4-17　当 h_0=4μm 时两种螺旋槽干气密封的气膜压力分布

根据不同膜厚下的开启力，利用 Mathcad 软件对端面开启力和气膜厚度进行数值拟合，得到开启力与气膜厚度的关系曲线。根据 Mathcad 的内置函数，计算得到样条系数 S=cspline(h，F_o)，进一步得到开启力的三次样条插值拟合函数 F_o(x)=interp(S，F_o，h，x)。图 4-18 为单列螺旋槽和双列螺旋槽的开启力曲线。从图中可以看出，开启力随着膜厚的增大而迅速减小。

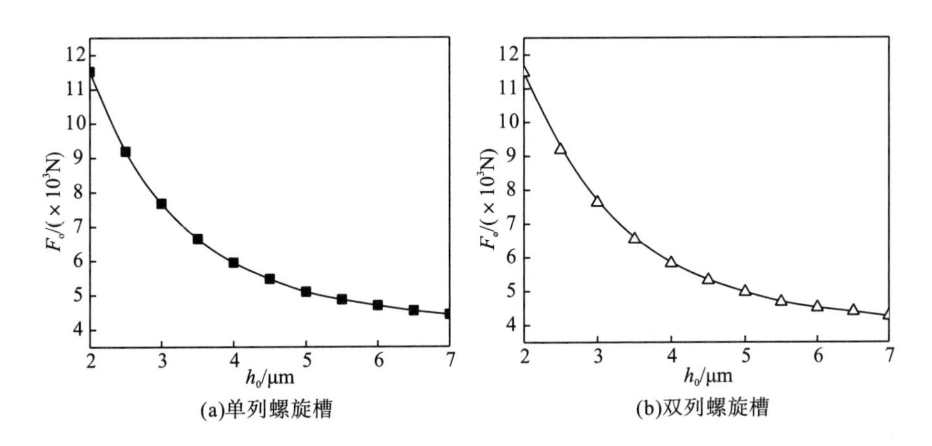

图 4-18　单、双列螺旋槽端面的开启力曲线

2) 气膜刚度

根据不同膜厚下的开启力，利用 Mathcad 软件对 $F_o(x)$ 求导取负，进一步得到气膜刚度曲线，如图 4-19 所示。可见，气膜刚度随气膜厚度的增加而迅速减小。

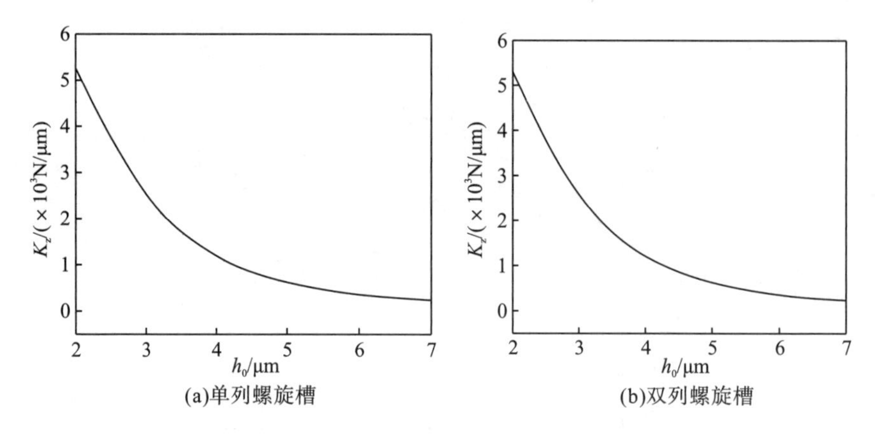

图 4-19 单双列螺旋槽端面的气膜刚度曲线

为了更直观地比较两种螺旋槽密封端面的气膜刚度，分别计算在相同膜厚及相同开启力情况下的刚度，见表 4-9 和表 4-10。从表 4-9 可以看出，在同一开启力的情况下，双列螺旋槽干气密封的气膜刚度比单列螺旋槽干气密封的气膜刚度大。当膜厚为 3μm 左右时，双列螺旋槽干气密封的气膜刚度增加 3%左右，而当膜厚在 6 μm 左右时，双列螺旋槽干气密封的气膜刚度增加了 21%左右。

表 4-9 同一膜厚下两种螺旋槽端面气膜刚度对比

膜厚 h_0/μm	气膜刚度 K_z/(N/μm)		双列槽刚度增大比例 K_z/%
	单列螺旋槽	双列螺旋槽	
3	2.503×10^3	2.532×10^3	1.149
4	1.151×10^3	1.169×10^3	1.525
5	5.749×10^2	5.860×10^2	1.888
6	3.122×10^2	3.207×10^2	2.654

表 4-10 相同开启力下两种螺旋槽干气密封端面气膜刚度对比

开启力 F_0/N	膜厚 h_0/μm		气膜刚度 K_z/(N/μm)		双列槽刚度增大比例 K_z/%
	单列螺旋槽	双列螺旋槽	单列螺旋槽	双列螺旋槽	
7401	3.118	3.100	2.271×10^3	2.334×10^3	2.766
5880	4.067	4.012	1.096×10^3	1.161×10^3	5.867
5000	5.248	5.098	4.905×10^2	5.505×10^2	12.245
4620	6.219	5.996	2.652×10^2	3.215×10^2	21.223

值得注意的是，开启力越小，膜厚越大，双列螺旋槽的膜厚比单列螺旋槽的膜厚相差越大，即双列螺旋槽具有更小的气膜厚度。膜厚越小，气膜刚度越大。

可以认为，双列螺旋槽干气密封具有较大的气膜刚度，尤其是在开启力小时。气膜厚度大的情况下，其主要原因是双列螺旋槽干气密封在同一开启力下，具有较小的平衡气膜厚度，即气膜的高刚度大部分是依靠减小气膜厚度而获得的。

参 考 文 献

[1] Gabriel R P. Fundamentals of spiral groove noncontacting face seals[J]. Lubrication Engineering，1979，35(7):367-375.

[2] Gabriel R P. Fundamentals of spiral groove noncontacting face seals[J]. Lubrication Engineering，1994，50(3):215-224.

[3]宋鹏云. 螺旋槽干气密封端面气膜压力计算方法讨论[J]. 润滑与密封，2009，(7):7-9.

[4] Muijderman E A. Spiral Groove Bearings［M］. Eindhoven，The Netherlands: N. V. Philips’ Gloeilampenfabrieken，1966.

[5]蔡文新，朱报祯. 螺旋槽气体密封的研究[J]. 流体机械，1994，22(9):2-7.

[6]蔡文新. 螺旋槽气体密封的理论研究[J]. 武汉理工大学学报，1994，16(4):118-122.

[7]尹晓妮. 中低转速螺旋槽干式气体端面密封的数值分析[D]. 东营: 中国石油大学(华东)，2006.

[8]付朝波，宋鹏云. 非接触机械密封端面间流体膜流动状态临界雷诺数的讨论[J]. 润滑与密封，2019,44(7)：63-68,77.

[9]Yang C Y，Wu J C，Chien H T，et al. Friction characteristics of water，R-134a，and air in small tubes[J]. Microscale Thermophysical Engineering，2003,7(4):335-348.

[10]黄迦乐，金滔，汤珂. 微石英管与多孔光纤内流动特性实验研究[J]. 工程热物理学报，2013，34(7):1213-1216.

[11]孙月秋，仪登利，闫郡庭. 窄环形通道流体特性的实验研究[J]. 辽宁工业大学学报: 自然科学版，2011，31(6):380-382.

[12]Tillmark N，Alfredsson P H . Experiments on transition in plane couette flow[J]. Journal of Fluid Mechanics，1992，235(1):89-102.

[13]Dou H S，Khoo B C . Investigation of turbulent transition in plane couette flows using energy gradient method[J]. Advances in Applied Mathematics & Mechanics, 2011, 3(2):165-180.

[14]Taylor C M，Dowson D. Turbulent lubrication theory——Application to design[J]. Journal of Tribology，1974，96(1):36-46.

[15]薛琳，苏红，毛军，等. 滤除泰勒涡的同心环隙科特流临界雷诺数的实验确定[J]. 北方交通大学学报，2000，(1):60-62.

[16]Constantinescu V N. On gas lubrication in turbulent regime[J]. Journal of Basic Engineering，1964，86 (3):475-482.

[17]荣深涛，杨健. 同心环隙有压科特流层流解析解及实验验证[J]. 北方交通大学学报，1990，14(4):8-15.

[18]李邦达，刘永建. 偏心环空中幂律流体层流螺旋流流动的稳定性[J]. 东北石油大学学报，1992，15(3):11-17.

[19]Brunetiere N，Tournerie B，Frene J . Influence of fluid flow regime on performances of non-contacting liquid face

seals[J]. Journal of Tribology，2002，124(3):515-523.

[20]王乐勤，周文杰，邢桂坤，等. 小锥度环形密封转子动特性[J]. 排灌机械工程学报，2013，31(6):517-522.

[21]丁雪兴，富影杰，张静，等. 基于 CFD 的螺旋槽干气密封端面流场流态分析[J]. 排灌机械工程学报，2010，28(4):330-334.

[22]刘维滨. 气液混膜润滑泵出型螺旋槽机械密封性能数值分析. 东营: 中国石油大学(华东)，2013.

[23]郝木明，蔡厚振，刘维滨，等. 泵出型螺旋槽机械密封端面间隙气液两相流动数值分析[J]. 中国石油大学学报: 自然科学版，2015，39(6):129-137.

[24]刘培军，杨默然. 干气密封在离心压缩机中的应用[J]. 油气储运，2007，26(7):51-54.

[25]杨惠霞，王玉明. 泵用干气密封技术及应用研究[J]. 流体机械，2005，33(2):1-4.

[26]Sedy J. Improved performance of film-riding gas seals through enhancement of hydrodynamic effects[J]. ASLE Transactions，1980，23(1):35-44.

[27]Wang Y，Yang H，Wang J. Theoretical analyses and field applications of gas-film lubricated mechanical face seals with herringbone spiral grooves[J]. Tribology Transactions，2009，52(6):800-806.

[28]孟光，张文明. 微机电系统动力学[M]. 北京：科学出版社，2008:151，152.

[29]Burgdorfer A. The influence of the molecular mean free path on the performance of hydrodynamic gas lubricated bearings[J]. Trans.Asme Ser. D，1958，81(2):94-100.

[30]尹晓妮，彭旭东. 考虑滑移流条件下干式气体端面密封的有限元分析[J]. 润滑与密封，2006，(4): 60，61，64.

[31]尹晓妮. 中低转速螺旋槽干式气体端面密封的数值分析[D]. 东营: 中国石油大学(华东)，2006.

[32]Veijola T，Kuisma H，Lahdenper J，et al. Equivalent-circuit model of the squeezed gas film in a silicon accelerometer[J]. Sensors & Actuators A Physical，1995，48(3):239-248.

[33]Hisa Y T，Domoto G A. A experimental investigation of molecular rarefaction effects in gas lubricated bearings at ultra-low clearance[J]. ASME Journal Lubrication Technology，1983，105(1):120-130.

[34]Li G X，Hughes H G. Review of viscous damping in micromachined structures[C]//Proceedings of SPIE - The International Society for Optical Engineering，2000:30-46.

[35]宋鹏云，丁志浩. 螺旋槽泵出型干气密封端面气膜压力近似解析计算[J]. 润滑与密封，2011，36(14)：1-3.

[36]汤臣杭，杨惠霞，王玉明. 单向双列螺旋槽干气密封流场数值模拟[J]. 润滑与密封，2007，32(1)：145-148.

[37]李英，宋鹏云. 单向双列螺旋槽干气密封端面气膜刚度比较. 润滑与密封，2013，38(10)：39-43.

第5章　实际气体效应对螺旋槽干气密封性能的影响

干气密封是机械密封技术的重大进展，已广泛应用于离心式压缩机、螺杆式压缩机、离心泵、反应釜等旋转设备上，目前正向航空发动机、高温气冷堆等领域拓展。如今干气密封的应用压力已达到45MPa。在国内外干气密封的研究、设计及应用中，一般均将润滑气体视为理想气体(完善气体)。可是，某些气体，如二氧化碳气体、氢气、氦气、水蒸气等，在常见的压力范围，其行为已明显偏离理想气体，压力高时则偏离得更为明显。氮气、空气等在高压情况下，其气体行为也明显偏离理想气体[1]。偏离理想气体的实际气体效应具体如何影响干气密封的性能尚没有得到系统而深入的全面研究。

随着干气密封应用工况参数的进一步提高和应用范围的进一步扩大，对干气密封本质的准确把握显得更为迫切。明确实际气体效应影响干气密封性能的机制，把握干气密封的本质，对准确预测干气密封的行为、确保干气密封的成功应用是非常必要的。

5.1　实际气体效应的表征

研究适合干气密封性能和应用的实际气体效应的表征理论和方法，是开展实际气体效应影响螺旋槽干气密封性能研究的基础和根本[2]。实际气体偏离理想气体的行为，包括气体状态方程的偏离、气体热力过程的偏离、气体物性参数的偏离、气体反应过程的偏离等，称为实际气体效应或真实气体效应。表征实际气体压力p-比体积v(或密度ρ)-温度(T)关系的方程即实际气体状态方程，其表现形式可能是一个显式或隐式方程，甚至可能是一个数据库或数据软件。热力学等学科对气体的p-$v(\rho)$-T关系已进行了广泛、深入、全面的研究，提供了很多气体的p-$v(\rho)$-T准确数据。本章主要针对干气密封可能面临的气体，如二氧化碳、氢气、水蒸气、空气、氮气等，分析、比较、选择、修正、确定恰当的实际气体状态方程，也包括混合气体(如天然气混合气体等)的实际气体状态方程，从而为后续研究提供基础。

理想气体的状态方程：

$$\rho = \frac{Mp}{R_u T} \tag{5-1}$$

实际气体的状态方程：

$$\rho = \frac{Mp}{ZR_u T} \tag{5-2}$$

式中，M为摩尔质量；R_u为普适气体常数。可以看出，等温等压下实际气体和理想气体状态方程之间的差异可以用一个无量纲系数Z体现。这个系数称为气体压缩因子，表示实际气体相对于理想气体的偏离程度，这种偏离程度称为实际气体效应。具体地说，当$Z>1$时，表明实际气体比理想气体难压缩；当$Z=1$时，实际气体状态方程即为理想气体状态方程；当$Z<1$时，表明实际气体比理想气体易压缩。

显然，气体压缩因子与气体压力和温度有关。气体压缩因子的计算表达是实际气体效应表征理论的重中之重。气体压缩因子可以利用实际气体的状态方程计算获得。目前，在化工热力学领域中，采用实验法、经验或半经验法及理论法，已推导出很多实际气体的状态方程式，如VDW方程、RK方程、SRK方程、PR方程、Virial方程等，但都有一定的适用范围。到目前为止，尚未有适合于各种气体、各种状态区域且计算精度高的状态方程[3]。因此，对于具体的润滑介质和工作条件，选用合理的气体状态方程描述润滑气体的p-v-T关系，进而导出正确的压缩因子理论表达，是设计预测干气密封实际工作性能的重要内容。

5.1.1 常用的压缩因子理论表达方式

范德华方程(Van der Waals equation)是对理想气体状态方程模型进行修正得到的，通过范德华方程得到的压缩因子计算式如下[4]：

$$Z^3 - \frac{b_v p + RT}{RT}Z^2 + \frac{a_v p}{R^3T^2}Z - \frac{a_v b_v p^2}{R^3T^3} = 0 \tag{5-3}$$

式中，$a_v=27R^2T_c^2/(64p_c)$；$b_v=RT_c/(8p_c)$；p_c、T_c分别为临界压力、温度；R为气体常数，$R=R_u/M$，R_u为普适气体常数，M为气体的摩尔质量。

Redlich-Kwong(雷德利克-邝)方程是在范德华方程模型的基础上进行修正而得的，相比范德华方程，RK方程具有形式简单、计算精度高等优点，适用于非极性或弱极性气体。通过RK方程得到的压缩因子计算式如下[5]：

$$Z^3 - Z^2 - \left(\frac{p^2b^2}{R^2T^2} - \frac{ap}{R^2T^{2.5}} + \frac{bp}{RT}\right)Z - \frac{abp^2}{R^3T^{3.5}} = 0 \tag{5-4}$$

式中，a、b均与气体的临界压力p_c和临界温度T_c有关，具体表达为$a=0.42748R^2T_c^{2.5}/p_c$、$b=0.08664RT_c/p_c$，此处$a$、$b$的表达不同于范德华方程。

随后，在 RK 方程的基础上，Soave[6]考虑偏心因子，进一步对物性常数进行修正，得到 SRK 状态方程，极大地提高了该方程的计算精度和应用范围。通过 SRK 方程得到的压缩因子计算式如下：

$$Z^3 - Z^2 - \left(\frac{b_{SR}^2 p^2}{R^2T^2} - \frac{a_{SR} p}{R^2T^2} + \frac{b_{SR} p}{RT} \right) Z - \frac{a_{SR} b_{SR} p^2}{R^3T^3} = 0 \tag{5-5}$$

式中，$a_{SR}=0.42748R^2T_c^2[1+m_R(1-T_r^{0.5})]^2/p_c$；$b_{SR}=0.08664RT_c/p_c$；$T_r$ 为对比温度 ($T_r=T/T_c$)；$m_R=0.48+1.574\varepsilon-0.176\varepsilon^2$，$\varepsilon$ 为偏心因子。

维里方程(Virial equation)是利用统计力学分析分子间的作用力而导出的，是一个有关压力 p 和温度 T 的多项表达式，其具体形式如下[7]：

$$Z = \frac{pv}{RT} \approx 1 + B\left(\frac{p}{RT}\right) + \left(C - B^2\right)\left(\frac{p}{RT}\right)^2 + \cdots \tag{5-6}$$

式中，B、C 分别称为第二维里系数、第三维里系数，维里系数与温度 T 有关。B 反映了两个分子之间的相互作用，C 反映了三个分子之间的相互作用。随着分子数目的增多，分子之间的相互作用力减小，所以式(5-6)中的高次项对压缩因子的贡献依次减小，一般取二、三次项即可具有较高的计算精度。对于维里方程中的第二和第三维里系数，可分别利用 Pitzer 方程[8]和 Orbey 方程[9]获得

$$\begin{aligned}\frac{Bp_c}{RT_c} = {} & 0.1445 - \frac{0.330}{T_r} - \frac{0.1385}{T_r^2} - \frac{0.0121}{T_r^3} - \frac{0.000607}{T_r^8} \\ & + \varepsilon\left(0.0637 + \frac{0.331}{T_r^2} - \frac{0.423}{T_r^3} - \frac{0.008}{T_r^8}\right)\end{aligned} \tag{5-7}$$

$$C\left(\frac{p_c}{RT_c}\right)^2 = \left[\begin{aligned}&\left(0.01407 + \frac{0.02432}{T_r^{2.8}} - \frac{0.00313}{T_r^{10.5}}\right) \\ &-\varepsilon\left(-0.02676 + \frac{0.0177}{T_r^{2.8}} + \frac{0.04}{T_r^3} - \frac{0.003}{T_r^6} - \frac{0.00228}{T_r^{10.5}}\right)\end{aligned}\right] \cdot \left(\frac{T}{T_c}\right) \tag{5-8}$$

式中，p_c 为临界压力；T_c 为临界温度；T_r 为对比温度 ($T_r=T/T_c$)；ε 为偏心因子。需要注意的是，维里方程对于高压气体压缩因子的计算精度并不高，且不适于对混合气体压缩因子的计算。

以上所述的状态方程或在一定范围内具有较高的计算精度，或只适用于某一类气体，或与气体压力控制方程联立尚有一定困难。总地来说，描述气体 p-v-T 关系的理论表达式在一定程度上与实测结果均有一定偏差，所以采用拟合实测数据获得气体的 p-v-T 关系表达是解决上述问题的一条有效途径。Chen 等[10]通过对 NIST 数据库中的数据进行拟合，得出了一个氢气的实际气体状态方程。Chen 的氢气状态方程中的压缩因子表达式为

$$Z = 1 + B_c p/T \tag{5-9}$$

式中，B_c 为常数，其值为 1.9155×10^{-6}K/Pa。

5.1.2 气体压缩因子计算表达式的筛选

当压力为1～15MPa，温度为363.15K时，采用上述理论的实际气体状态方程计算的氮气压缩因子与NIST数据库的对比如图5-1所示。这里，气体压缩因子误差 E_Z 定义为$(Z_{REOS}-Z_{NIST})/Z_{NIST}\times100\%$。从图中可以看出，对于氮气，在$T$=363.15K，1MPa<$p$<15MPa范围内，RK方程和维里二项截断式计算所得的压缩因子与数据库的误差较小，均在3%以内。虽然，维里二项截断式的计算误差在较高压力处(11.5MPa<p<15MPa)大于RK方程，但其比RK方程的压力范围更广，因此当压力为1～15MPa，温度为363.15K时，维里二项截断式为表征氮气实际气体行为的最优状态方程。事实上，若只为满足工程设计需求，以设计精度5%为指标，则除维里三项截断式外，其余三种状态方程均可用于氮气实际行为的表征。

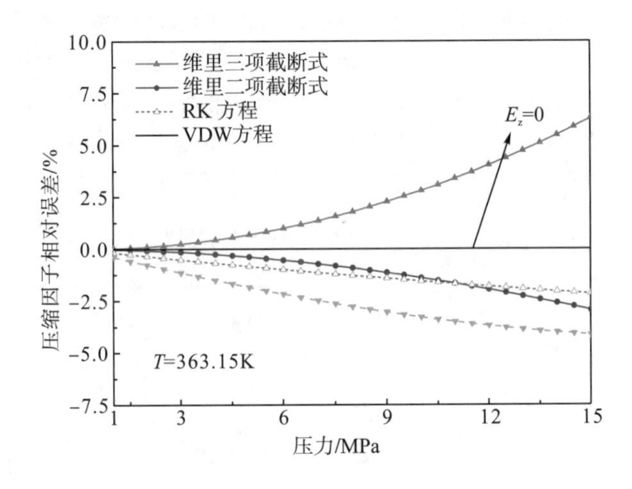

图5-1 氮气实际气体行为表达方法的筛选

对于氢气，当压力为1～10MPa，温度为303.15K时，采用以上方式计算的压缩因子 Z 与NIST数据库之间的误差(误差定义与氮气部分一致)随压力的变化趋势如图5-2所示。从图中可以看出，随着压力的增大，RK方程、Chen提出的氢气状态方程及SRK方程均与NIST数据库保持了良好的吻合性。相对于其他状态方程，维里二项截断式、维里三项截断式及VDW方程与NIST数据之间的偏差略大。为了确定精确的氢气压缩因子的表达方式，按图5-2中的图例顺序，计算6种压缩因子方程与NIST数据之间的平均误差分别为5.543%、0.987%、0.223%、0.146%、−0.261%和−1.225%。

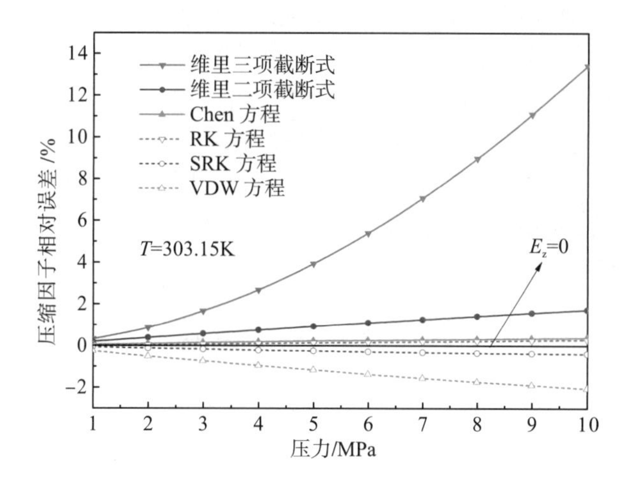

图 5-2 氢气实际气体行为表达方法的筛选

图 5-3(a)给出了 363.15K 时采用 VDW 方程、RK 方程、SRK 方程及两种 Virial 方程计算的二氧化碳压缩因子与 NIST 数据之间的对比，可以看出相较于几种实际气体状态方程，由维里三项截断式计算的二氧化碳压缩因子与 NIST 数据具有最优的吻合度。为了进一步说明维里三项截断式表达二氧化碳实际气体行为的合理性，图 5-3(b)给出了 340.15K<T<470.15K，0.5MPa<p<10MPa 范围内由维里三项截断式计算的二氧化碳的密度与 NIST 数据之间的误差云图(误差定义为$(\rho_{\text{virial}}-\rho_{\text{NIST}})/\rho_{\text{NIST}}\times 100\%$)。从图中可以看出，在上述工况范围内，两者之间的误差小于 4.5%，说明采用维里三项截断式表达二氧化碳的实际行为最佳。同样，若只满足工程设计需求，以设计精度 5%为指标，从图 5-3(a)可以看出，除 VDW 方程外，其余四种状态方程也可用于对二氧化碳实际行为的表征。

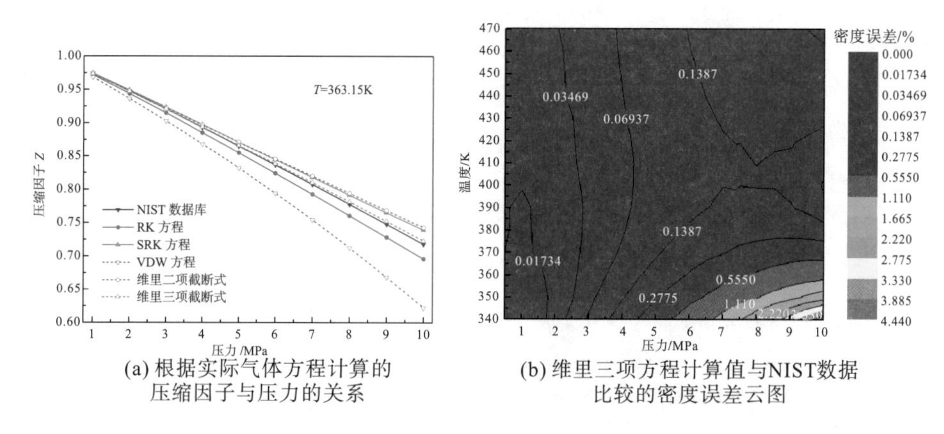

(a) 根据实际气体方程计算的压缩因子与压力的关系

(b) 维里三项方程计算值与NIST数据比较的密度误差云图

图 5-3 二氧化碳实际气体行为表达方法的筛选和合理性验证

同样，对于水蒸气，当压力为1～5MPa，温度为573.15K时，采用以上方式计算的压缩因子 Z 与国际标准[其中的国际标准是指 IAPWS97，由《水和蒸汽的性质》[11]获得]的对比随压力的变化趋势如图5-4所示。从图中可以看出，随着压力的增大，各方程压缩因子的计算结果与国际标准之间的偏差逐渐增大，但通过比较后可发现，在相应的工况条件下，维里三项截断式的计算结果与国际标准之间的偏差更小，平均偏差约为0.7%。因此，对于水蒸气，倾向于选择维里三项截断式计算压缩因子。

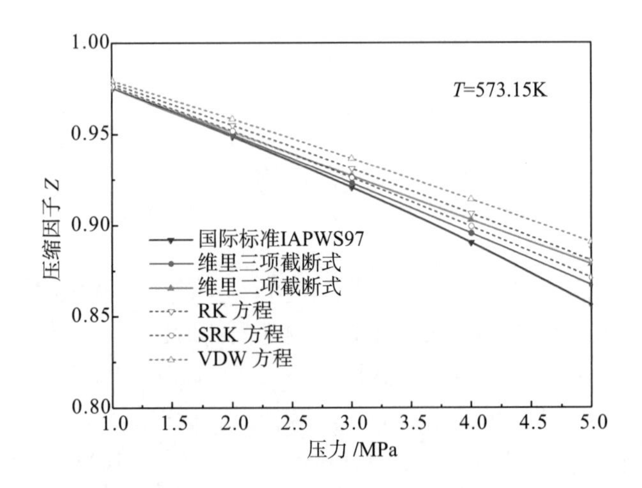

图5-4　水蒸气实际气体行为表达方法的筛选

从以上分析可以看出，对于不同的润滑气体，计算压缩因子的实际气体状态方程各不相同。这里，只是提供一种表征润滑气体实际气体效应的方法，可能对于本节的研究工况，各润滑气体对应的压缩因子计算方程又存在偏差。因此，针对干气密封的具体运行工况，可以采用上述筛选方法，仔细遴选出适用于对应工况的实际气体效应表达形式。

5.2　考虑实际气体效应的干气密封端面压力控制方程解析表征

本章以泵入式螺旋槽干气密封为例，将遴选出的润滑气体压缩因子表达式代入实际气体状态方程式(5-2)中，然后将修正的气体密度表达式替换螺旋槽干气密封压力控制方程中的润滑介质密度项，则考虑实际气体效应的泵入式螺旋槽干气密封气膜压力控制方程如式(5-10)和式(5-11)所示。

泵入式螺旋槽干气密封螺旋槽区的气膜压力控制方程：

$$\frac{\mathrm{d}p}{\mathrm{d}r}=-\frac{6\mu\omega g_1}{h_0^2}r+\frac{6\mu S_{\mathrm{t}}g_2}{\pi h_1 h_0^2}\frac{ZRT}{p}\frac{1}{r} \tag{5-10}$$

泵入式螺旋槽干气密封坝区的气膜压力控制方程：

$$\frac{\mathrm{d}p}{\mathrm{d}r}=\frac{6\mu S_{\mathrm{t}}}{\pi h_0^3}\frac{ZRT}{p}\frac{1}{r} \tag{5-11}$$

不难看出，压缩因子只与气体压力和温度有关，将其引入气膜压力控制方程后并不会产生新的求解阻碍。因此，式(5-10)和式(5-11)的求解仍可采用龙格库塔法。

5.3　氮气实际气体效应的影响

5.3.1　氮气的第二维里系数计算

在压力为 0.1013MPa，温度为 303.15K 的条件下，由《Matheson 气体数据手册》[12]查得，氮气的相对分子质量 M=28.013g/mol，临界温度 T_{c}=126.1K，临界压力 p_{c}=3.394MPa，偏心因子 ε=0.0372，动力黏度 $\mu=1.80\times10^{-5}$Pa·s。由式(5-7)可计算获得氮气的第二维里系数 $B=-4.441\times10^{-6}\mathrm{m^3/mol}$。泵入式螺旋槽干气密封的几何参数取自文献[13]：密封环外径 r_{o}=42mm，内径 r_{i}=30mm，槽根半径 r_{g}=34.8mm，螺旋角 $\alpha=20°$，台槽比为 1，槽数 N_{g}=12，槽深 h_{g}=2.5μm。若没有特别说明，在本章的后续内容中均采用此密封结构和操作参数作为算例。

5.3.2　滑移流因子表征

干气密封的气膜厚度很小，当气体润滑中气体分子的平均自由程与气膜厚度之比处于 0.01～0.1 时，一般需要考虑滑移流效应的影响[14]。采用 2.7 节描述的有效黏度概念表征干气密封端面间隙内的滑移流现象，将实际气体状态方程代入有效黏度表达式(2-85)中，获得考虑实际气体效应的有效黏度表达，如式(5-12)所示，然后将其替换泵入式螺旋槽干气密封气膜压力控制方程中的动力黏度项，即可推导出同时考虑实际气体效应和滑移流效应的螺旋槽干气密封槽区、坝区的气膜压力控制方程，如式(5-13)所示。

$$\mu_{\mathrm{eff}}=\frac{\mu}{1+\dfrac{96}{5}\dfrac{\mu}{p}\left(\dfrac{Z^2RT}{2\pi}\right)^{0.5}\dfrac{1}{h_0}} \tag{5-12}$$

$$
\begin{cases}
\dfrac{\mathrm{d}p}{\mathrm{d}r} = -\dfrac{6\mu_{\mathrm{eff}}\omega g_1}{h_0^2} r + \dfrac{6\mu_{\mathrm{eff}} S_{\mathrm{t}} g_2}{\pi h_1 h_0^2} \dfrac{ZRT}{p} \dfrac{1}{r}, & \text{槽区} \\
\dfrac{\mathrm{d}p}{\mathrm{d}r} = \dfrac{6\mu_{\mathrm{eff}} S_{\mathrm{t}}}{\pi h_0^3} \dfrac{ZRT}{p} \dfrac{1}{r}, & \text{坝区}
\end{cases}
\tag{5-13}
$$

5.3.3 氮气干气密封性能误差的定义

基于 Muijderman 窄槽理论，利用式(5-13)可计算获得同时考虑实际气体效应和滑移流效应的螺旋槽干气密封的径向压力分布 $p(r)$，同时获得泄漏率 S_{t} 和开启力 F_{o}。类似于式(5-13)，气体压缩因子 Z 视为 1 或将有效黏度视为气体动力黏度 μ，可运用窄槽理论计算获得不考虑滑移流效应的理想气体的相关密封性能、考虑滑移流效应的理想气体的相关密封性能、不考虑滑移流效应的实际气体的相关密封性能[15]。因此，为了更清晰地表达实际气体效应和滑移流效应，针对密封性能参数的解析计算结果，分别定义以下相对误差。

E_1=[(非滑移流理想气体结果-非滑移流实际气体结果)/非滑移流实际气体结果]×100%

E_2=[(非滑移流理想气体结果-滑移流理想气体结果)/滑移流理想气体结果]×100%

E_3=[(滑移流理想气体结果-滑移流实际气体结果)/滑移流实际气体结果]×100%

E_4=[(非滑移流实际气体结果-滑移流实际气体结果)/滑移流实际气体结果]×100%

显然，E_1 和 E_3 表示实际气体效应对螺旋槽干气密封性能参数的影响，E_2 和 E_4 表示滑移流效应对螺旋槽干气密封性能参数的影响。

5.3.4 干气密封性能计算及比较分析

选取外压 p_{o} 分别为低压 0.202MPa、中压 4.5852MPa、高压 10MPa 进行计算分析，压力对氮气动力黏度的影响可忽略不计，选取不同气膜厚度计算氮气的相关密封性能，并将计算结果绘制成曲线，如图 5-5～图 5-7 所示。为了准确表示相对误差，取气膜厚度为 0.9μm 处的相对误差绘制成误差表格，如表 5-1～表 5-3 所示。

从图 5-5 和表 5-1 可以看出，当氮气作为润滑气体时，在低压、中压、高压工况下，E_1、E_3、E_2 和 E_4 均小于零，说明滑移流效应和实际气体效应均使螺旋槽干气密封的气体体积泄漏率增大。这是由于滑移流效应宏观上等效于黏度的降低，黏度降低会导致泄漏率增大；同时氮气的第二维里系数 B=-4.441×10^{-6}，即压缩因

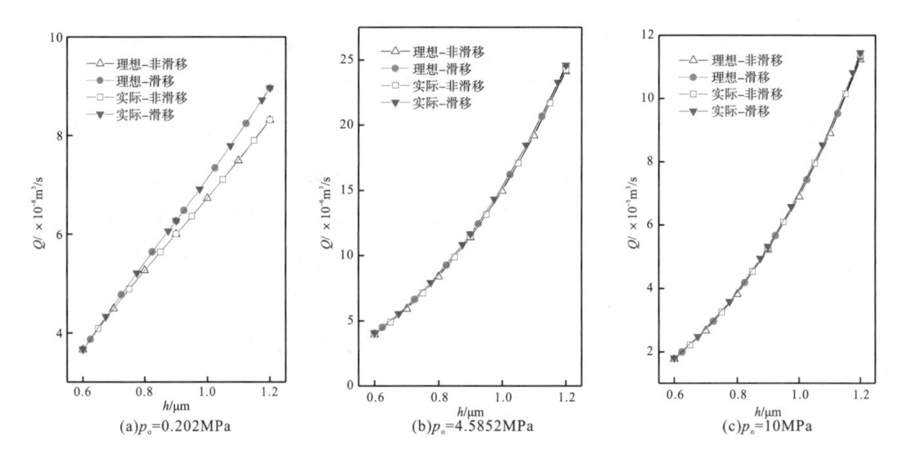

图 5-5　氮气条件下体积泄漏率

表 5-1　氮气条件下体积泄漏率的相对误差

介质压力 p_o /MPa	E_1 /%	E_2 /%	E_3 /%	E_4 /%
0.202	−0.0407	−4.3523	−0.0376	−4.3494
4.5852	−0.5411	−1.7946	−0.5349	−1.7884
10	−1.1607	−0.8732	−1.1542	−0.8667

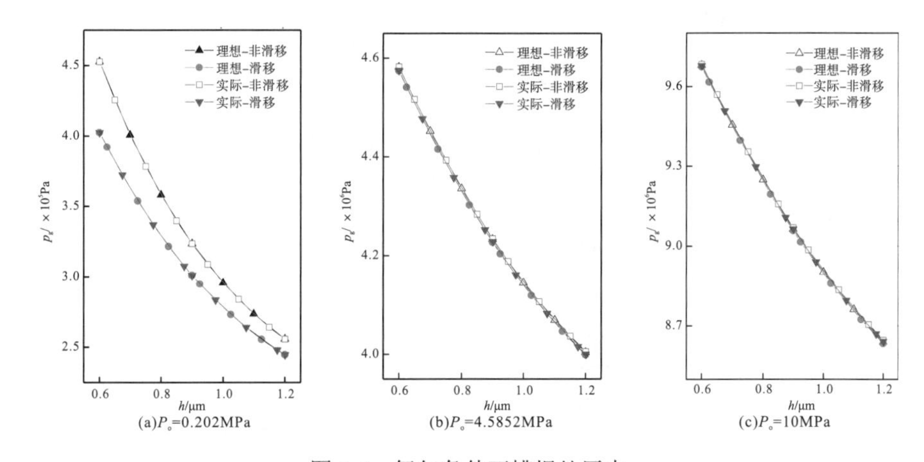

图 5-6　氮气条件下槽根处压力

表 5-2　氮气条件下槽根处压力的相对误差

介质压力 p_o /MPa	E_1 /%	E_2 /%	E_3 /%	E_4 /%
0.202	−0.0005	7.4772	−0.0019	7.4753
4.5852	−0.0284	0.1452	−0.0290	0.1445
10	−0.0621	0.0606	−0.0627	0.0600

子 $Z<1$，表明氮气实际气体比理想气体更易压缩，在相同压力的作用下，比理想气体具有更小的体积。这样，通过同样的密封通道(间隙)时，就需要更多体积的气体，宏观表现为标准状态下气体体积泄漏率 Q 升高。从表 5-1 中可以看出，随着外压 p_o 的增加，滑移流效应是减弱的，实际气体效应是增强的。

图 5-6 及表 5-2 表明，槽根处压力随气膜厚度的增大而减小。随着外压 p_o 的增大，槽根处压力受滑移流效应的影响急剧减小，受实际气体效应的影响增大。就本书的计算条件而言，低压工况下，由滑移流效应引起的误差最大可达到 7.4772%，实际气体效应在高压下引起的误差比低压下引起的误差至少大一个数量级。

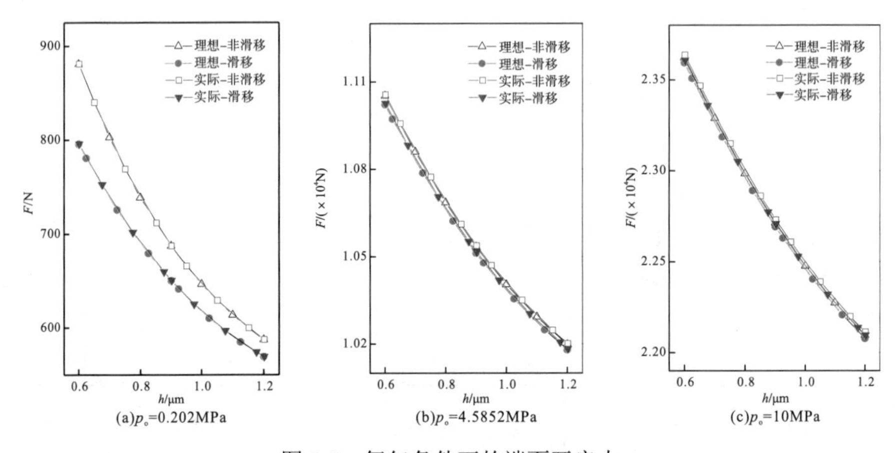

图 5-7 氮气条件下的端面开启力

表 5-3 氮气条件下的端面开启力的相对误差

介质压力 p_o/MPa	E_1/%	E_2/%	E_3/%	E_4/%
0.202	−0.0010	5.7113	-0.0019	5.7104
4.5852	−0.0324	0.2060	-0.0330	0.2054
10	−0.0700	0.0945	-0.0706	0.0942

图 5-7 表明，开启力随气膜厚度的增大而减小。不考虑滑移流效应的影响，在相同压力下，氮气实际气体的开启力大于理想气体，这与实际气体效应使槽根处压力增大的结果一致。不考虑实际气体效应，在相同压力下，氮气受滑移流效应的影响，开启力减小。这是由于流体动压效应受黏性剪切作用的影响，而滑移流效应宏观上等效于黏度的降低，黏度降低造成黏性剪切作用减弱，流体动压效应降低，开启力减小。从表 5-3 可以看出，随着压力的增大，滑移流效应减弱，低压时滑移流效应非常明显，而实际气体效应表现得则不明显；但随着压力增大，实际气体效应增强。

5.4　氢气实际气体效应的影响

在石油炼制、石油化工和煤化工行业中，加氢装置中的氢气压缩机是一种关键设备，而泵入式螺旋槽干气密封是氢气压缩机里应用较多的一种干气密封，靠近介质侧干气密封的冲洗润滑介质一般为氢气。本节以泵入式螺旋槽干气密封为研究对象，基于 5.1 节中氢气实际气体效应表达的筛选结果，分析氢气实际气体行为对干气密封性能的影响，并与理想气体的情况进行对比。

5.4.1　氢气的第二维里系数计算

在压力为 0.1013MPa，温度为 300K 的条件下，由《Matheson 气体数据手册》查得，氢气的相对分子质量 M=2.015g/mol，临界温度 T_c=33.18K，临界压力 p_c=1.313MPa，偏心因子 ε =−0.220，动力黏度 μ=0.902×10^{-5}Pa·s。干气密封结构参数与 5.3.1 节保持一致，由式(5-7)可计算获得氢气的第二维里系数 B=1.93179×10^{-5}m³/mol。

5.4.2　气体密封性能计算及比较分析

选取外压 p_o 分别为低压 0.202MPa、中压 4.5852MPa、高压 10MPa 进行计算分析，压力对氢气动力黏度的影响可忽略不计，选取不同气膜厚度计算氢气的相关密封性能，并将计算结果绘制成曲线，如图 5-8～图 5-10 所示。为了准确表现相对误差，取气膜厚度为 0.9μm 处的相对误差绘制成相对误差表格，如表 5-4～表 5-6 所示。

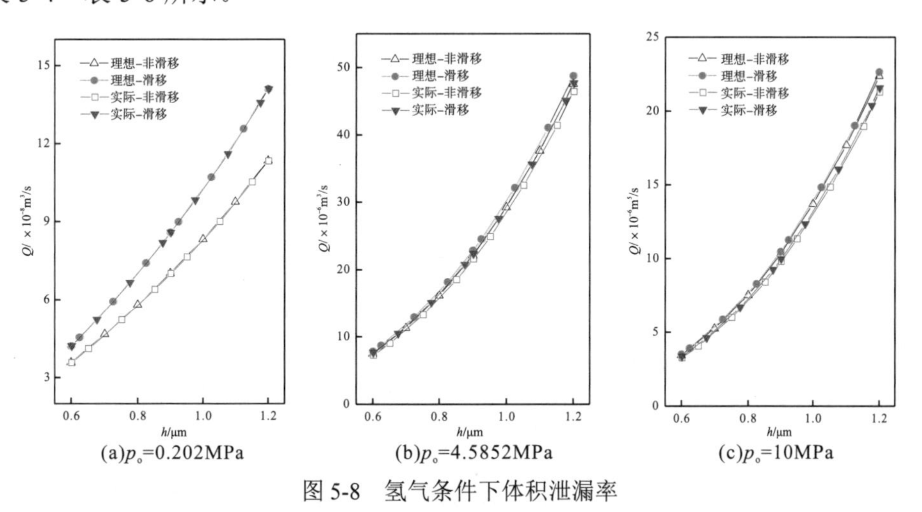

图 5-8　氢气条件下体积泄漏率

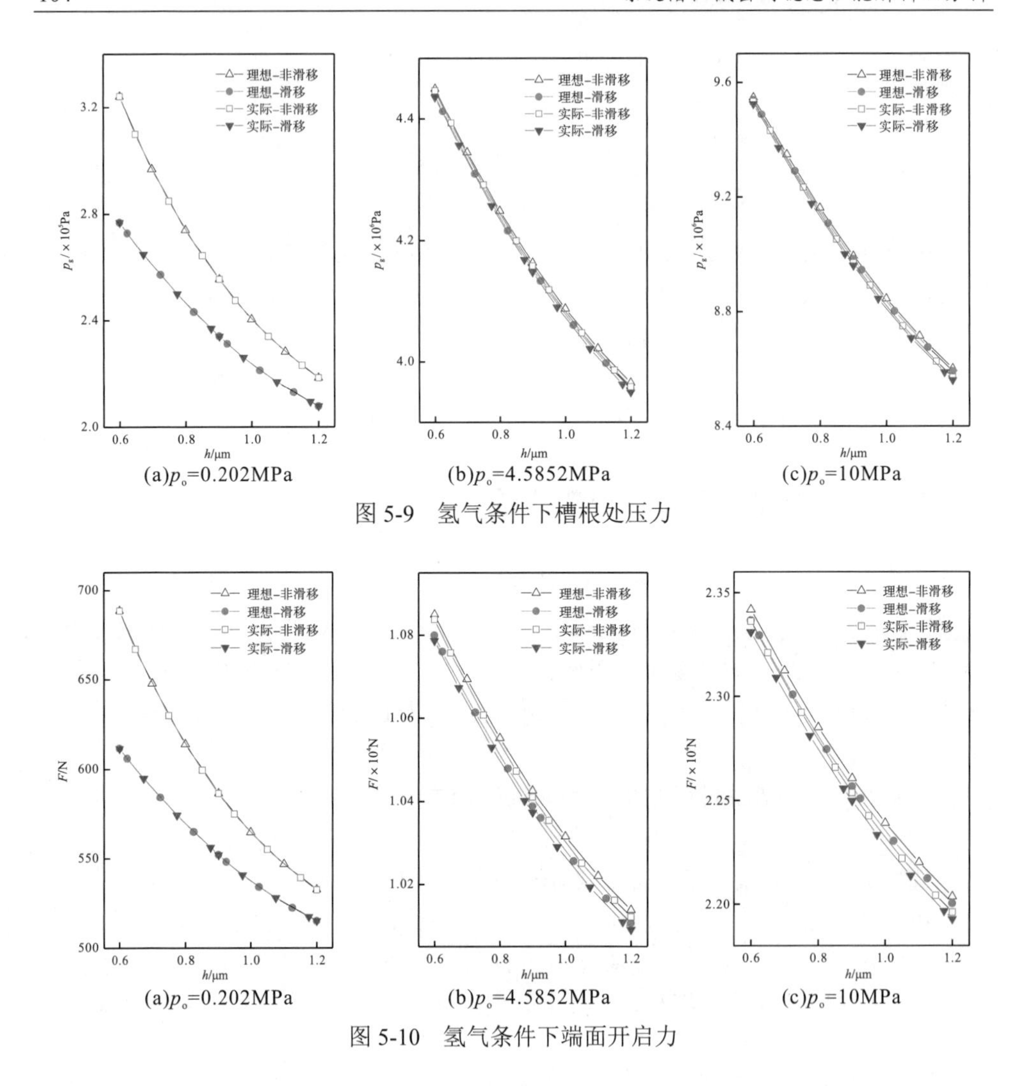

(a)p_o=0.202MPa (b)p_o=4.5852MPa (c)p_o=10MPa

图 5-9 氢气条件下槽根处压力

(a)p_o=0.202MPa (b)p_o=4.5852MPa (c)p_o=10MPa

图 5-10 氢气条件下端面开启力

表 5-4 氢气条件下体积泄漏率的相对误差

介质压力 p_o/MPa	E_1/%	E_2/%	E_3/%	E_4/%
0.202	0.1524	−18.3309	0.1302	−18.3490
4.5852	2.3737	−3.4150	2.3220	−3.4639
10	5.1154	−1.6446	5.0606	−1.6958

表 5-5 氢气条件下槽根处压力的相对误差

介质压力 p_o/MPa	E_1/%	E_2/%	E_3/%	E_4/%
0.202	0.0030	9.1264	0.0085	9.1323
4.5852	0.1241	0.2415	0.1290	0.2464
10	0.2660	0.1071	0.2708	0.1119

表 5-6　氢气条件下端面开启力的相对误差

介质压力 p_o/MPa	E_1/%	E_2/%	E_3/%	E_4/%
0.202	0.0040	6.2440	0.0068	6.2470
4.5852	0.1398	0.3642	0.1449	0.3692
10	0.2978	0.1724	0.3031	0.1778

图 5-8 及表 5-4 表明，低压工况下以氢气为密封介质时，滑移流效应影响的误差达到 18.3%，其误差增幅随气膜厚度的增大有增大的趋势，此时必须考虑滑移流效应。在同一外压时，滑移流效应使泄漏率增大，实际气体效应使泄漏率减小。氢气实际气体效应对泄漏率的影响与氮气相反，这是由于氢气的第二维里系数 B=1.93179×10^{-5}，即压缩因子 Z>1，这表明氢气实际气体比理想气体难于压缩，在相同压力的作用下，比理想气体具有更大的体积，宏观表现为标准状态下泄漏率 Q 降低。随着压力的增大，滑移流效应逐渐减弱，实际气体效应增强。氢气受滑移流效应影响的规律同氮气一致，但是氢气受滑移流效应的影响更加明显。

图 5-9 及表 5-5 表明，对于氢气，在相同压力下实际气体效应和滑移流效应都使槽根处的压力 p_g 降低，随着压力增大，实际气体效应逐渐变得明显，滑移流效应急剧减弱，中压下四种情况槽根处的压力计算曲线接近，高压下槽根处的压力规律与中压一致。

图 5-10 及表 5-6 表明，考虑实际气体效应时，氢气密封的端面开启力降低，这是由于氢气难以压缩，氢气实际气体条件下的槽根处压力弱于理想气体，故产生的开启力减小。当只考虑滑移流效应时，考虑滑移流影响的开启力低于不考虑滑移流的结果。

5.5　二氧化碳实际气体效应的影响

5.5.1　二氧化碳气体的第二维里系数计算

根据 5.1.2 节的分析结果，针对二氧化碳，在工程设计的误差允许范围内选用维里二项截断式表征二氧化碳的实际气体行为。在压力为 0.1013MPa，温度为 300K 的条件下，由《Matheson 气体数据手册》查得，二氧化碳的相对分子质量 M=44.01g/mol，临界温度 T_c=304.19K，临界压力 p_c=7.38MPa，偏心因子 ε=0.228，动力黏度 μ=1.51×10^{-5}Pa·s。干气密封结构参数与 5.3.1 节保持一致，由式(5-7)可计算获得二氧化碳的第二维里系数 B=−1.19172×10^{-4}m^3/mol。

5.5.2 密封性能计算及比较分析

选取外压 p_o 分别为低压 0.202MPa、中压 4.5852MPa 进行计算分析。二氧化碳的动力黏度在低压、中压下受压力的影响并不明显，可忽略不计，然而在高压下，二氧化碳的动力黏度不可视为恒定不变[20]，鉴于黏度与压力关系的复杂性，本书暂不对高压下二氧化碳作为密封气体的干气密封性能进行分析。二氧化碳的相关密封性能计算结果如图 5-11～图 5-13 所示。为了准确表现相对误差，取气膜厚度为 0.9μm 处的相对误差绘制成相对误差表格，如表 5-7～表 5-9 所示。

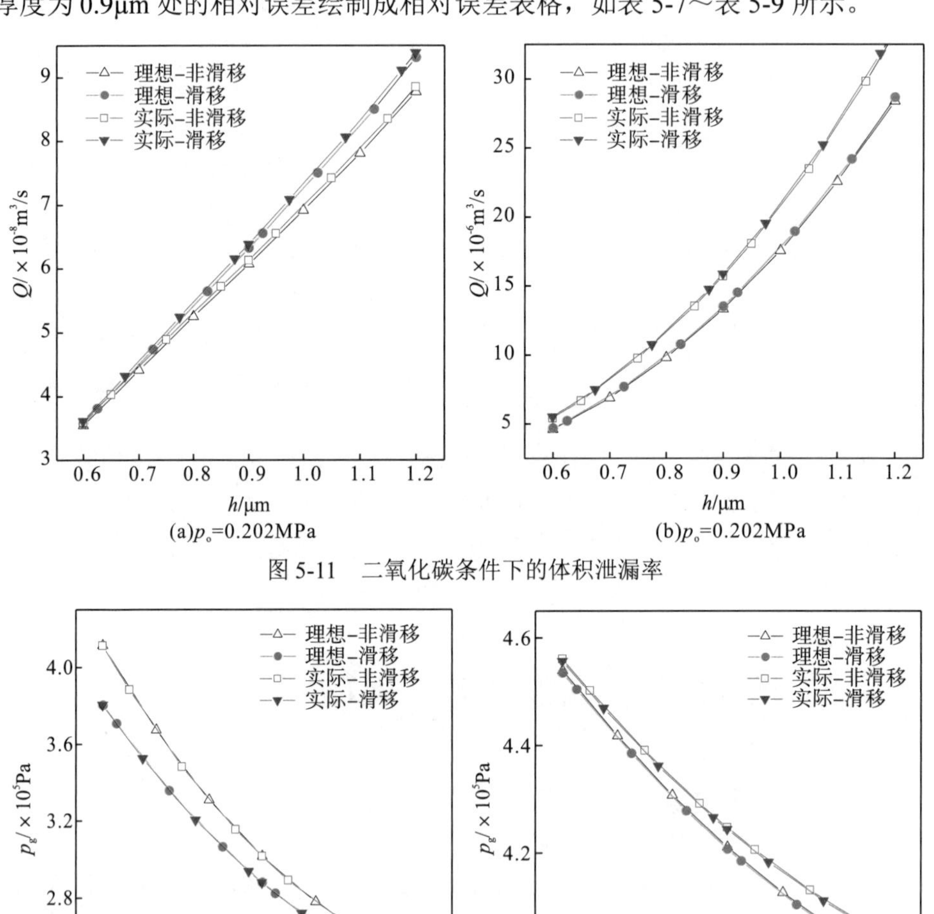

(a)p_o=0.202MPa (b)p_o=0.202MPa

图 5-11 二氧化碳条件下的体积泄漏率

(a)p_o=0.202MPa (b)p_o=4.5852MPa

图 5-12 二氧化碳条件下槽根处压力

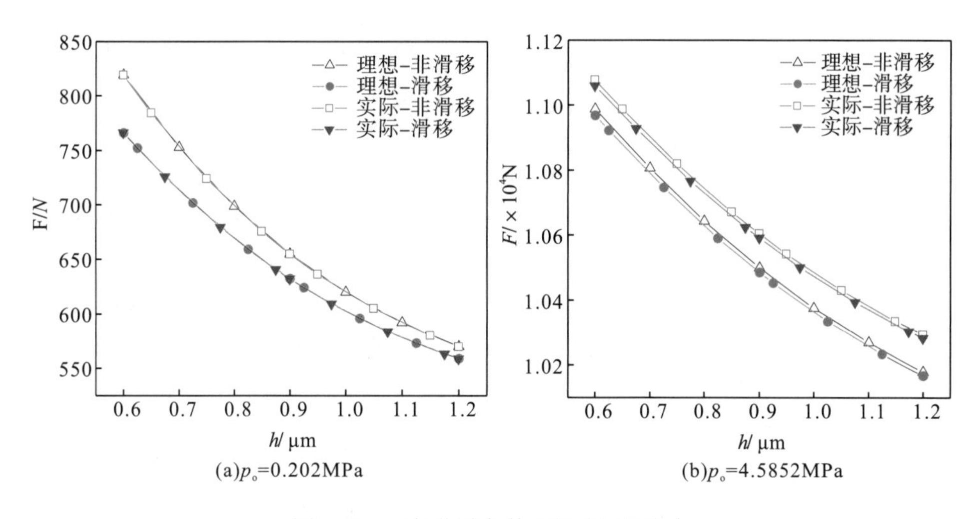

图 5-13　二氧化碳条件下的端面开启力

表 5-7　二氧化碳条件下的体积泄漏率相对误差

介质压力 p_o/MPa	E_1/%	E_2/%	E_3/%	E_4/%
0.202	−1.0699	−3.9920	−1.0113	−3.9352
4.5852	−15.149	−1.2217	−15.046	−1.1020

表 5-8　二氧化碳条件下槽根处压力的相对误差

介质压力 p_o/MPa	E_1/%	E_2/%	E_3/%	E_4/%
0.202	−0.0170	4.7838	−0.0424	4.7573
4.5852	−0.8729	0.0943	−0.8856	0.0813

表 5-9　二氧化碳条件下端面开启力的相对误差

介质压力 p_o/MPa	E_1/%	E_2/%	E_3/%	E_4/%
0.202	−0.0287	3.6071	−0.044	3.5912
4.5852	−0.9960	0.1367	−1.009	0.1237

图 5-11 表明，以二氧化碳为润滑气体的螺旋槽干气密封受实际气体效应的影响规律与氮气相似，随着外压的增大，实际气体效应的影响急剧增大，滑移流效应影响减弱，这是由于二氧化碳的第二维里系数 $B=-1.19172\times10^{-4}\text{m}^3/\text{mol}$，即压缩因子小于 1，实际气体更容易压缩。表 5-7 显示，不同于氮气，在压力为 0.202MPa 时，二氧化碳条件下泄漏率相对误差 E_1 接近 1.07%，远大于氮气，这说明二氧化

碳在低压时的实际气体效应就已经很明显了。当压力达到中压 4.5852MPa 时，泄漏率相对误差 E_1 迅速增大至约 15.15%，与氮气相比出现如此大的增幅是因为二氧化碳的压缩因子偏离理想气体更大而更容易被压缩。二氧化碳泄漏率受滑移流效应影响的规律同上述氮气、氢气时一致。

图 5-12 和表 5-8 表明，槽根处的压力随气膜厚度的增大而减小。低压工况下，实际气体与理想气体的曲线近乎贴合，实际气体效应的影响可以忽略，滑移流效应的影响非常明显，在同一压力下，滑移流效应使槽根处的压力降低。中压工况下的情况则相反，滑移流效应曲线与非滑移流效应曲线贴合，滑移流效应可以忽略，实际气体效应较显著，同一压力下实际气体效应使槽根处的压力增大，这说明低压下滑移流效应起主导作用，中压下实际气体效应起主导作用。

图 5-13 和表 5-9 表明，低压工况下，实际气体与理想气体的曲线接近重合，滑移流效应使端面开启力减小，随着气膜厚度的增大，滑移流效应逐渐减弱，这是由于气膜厚度增大会导致努森数变小。中压工况下，滑移流效应比较微弱，但此时不宜忽略，实际气体效应使端面开启力增大。

5.6 水蒸气实际气体效应的影响

水蒸气是驱动汽轮机运行的理想工质。通过改进汽轮机的气封结构，可进一步提高汽轮机的效率和运行稳定性。目前已出现适用于蒸气透平的水蒸气润滑干气密封产品，但对水蒸气润滑干气密封的研究并不深入[16]。本节以水蒸气作为密封介质，计算案例的结构参数和操作参数选自参考文献[17]：r_o=77.8mm，r_i=58.42mm，r_g=69.00mm，α=15°，γ=1，t=5μm。操作条件：p_i=0.101MPa，密封环的旋转角速度 ω=1087.8rad/s。水蒸气温度为 300°C，假设等温流动，气体黏度 $\mu=20.29\times10^{-6}$Pa·s，临界温度 T_c=373.846℃，临界压力 p_c=22.064MPa。中低压情况下，压力对气体黏度的影响可以忽略。先假定密封环内径处压力 p_i 为 0.101 MPa，改变密封环外径处压力 p_o，如分别为 0.5MPa、2MPa、5MPa，进一步分析水蒸气润滑干气密封的开启力、气膜刚度、泄漏率和热平衡气膜厚度。

5.6.1 端面开启力

当密封环外径处的压力 p_o 分别为 0.5MPa、2MPa、5MPa 时，不同膜厚下的密封端面的开启力分别如图 5-14 所示。从图中可以看出，在相同的压力下，随着膜厚的不断增加，密封端面的开启力逐渐减小。在中低压情况下，实际气体与理想气体开启力的计算结果几乎一致；高压情况下(如 5MPa)，实际气体下的开启力略大于理想气体的开启力。典型密封端面开启力的数据如表 5-10 所示，从表中可以看出，随着外压不断增大，表现为实际气体的效应是增强的，且相对误差是增加的。

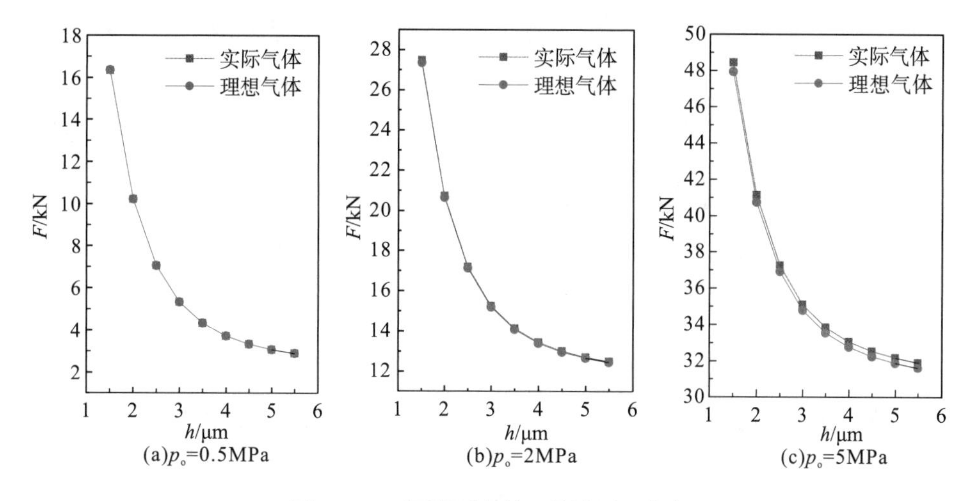

图 5-14　不同膜原条件下的端面开启力

表 5-10　密封端面开启力的数据对比

压力/MPa	膜厚 h/mm	实际气体/kN	理想气体/kN	相对误差 ΔE/%
0.5	0.00203	9.962660	9.959851	−0.028195281
2	0.00305	15.109543	15.054690	−0.363035467
5	0.00508	32.118264	31.834035	−0.884945089

5.6.2　气膜刚度

密封面之间的气膜刚度是指单位气膜厚度的变化引起密封面开启力随之发生的相应变化，这将影响从密封的非稳态到稳态的泄漏量。同时，气膜刚度还反映了防止气体介质压力在密封面之间发生变化及防止环境和旋转设备自身受到干扰的一种能力，这是确定螺旋槽干气密封稳定性的重要性能指标之一。基于螺旋槽干气密封的研究过程来看，通常仅对轴向刚度进行分析和研究。

以水蒸气为介质，当密封环外径处的压力 p_o 分别为 0.5MPa、2MPa、5MPa 时，不同膜厚下密封端面的气膜刚度分别如图 5-15 所示。从图中可以看出，在相同压力的情况下，随着膜厚的不断增加，密封端面的气膜刚度逐渐减小。实际气体的气膜刚度与理想气体的气膜刚度几乎是相等的。典型的气膜刚度的数据如表 5-11 所示，从表中可以看出，水蒸气实际气体与理想气体气膜刚度的相对误差是很小的，此时实际气体效应对密封端面气膜刚度的影响不大，几乎可以忽略不计。

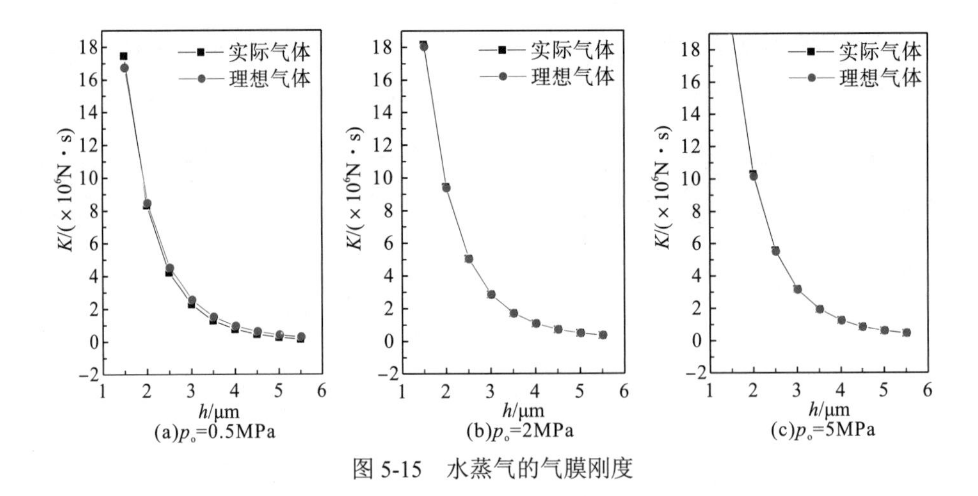

图 5-15 水蒸气的气膜刚度

表 5-11 气膜刚度 K 的数据对比

压力/MPa	膜厚 h /mm	刚度/($\times10^6$N/m)		相对误差 ΔE /%
		实际气体	理想气体	
0.5	0.00203	7.98915453	8.14384485	1.936253898
2	0.00305	2.70105062	2.68663573	−0.533677336
5	0.00508	0.58100470	0.57839199	−0.449688099

5.6.3 泄漏率

在不同压力和气膜厚度的情况下，以水蒸气为密封的介质，当密封环外径处的压力 p_o 分别为 0.5MPa、2MPa、5MPa 时，密封端面的泄漏率分别如图 5-16 所示。从图中可以看出，以水蒸气为密封的介质，密封端面的泄漏率在不同压力的情况下有显著不同。

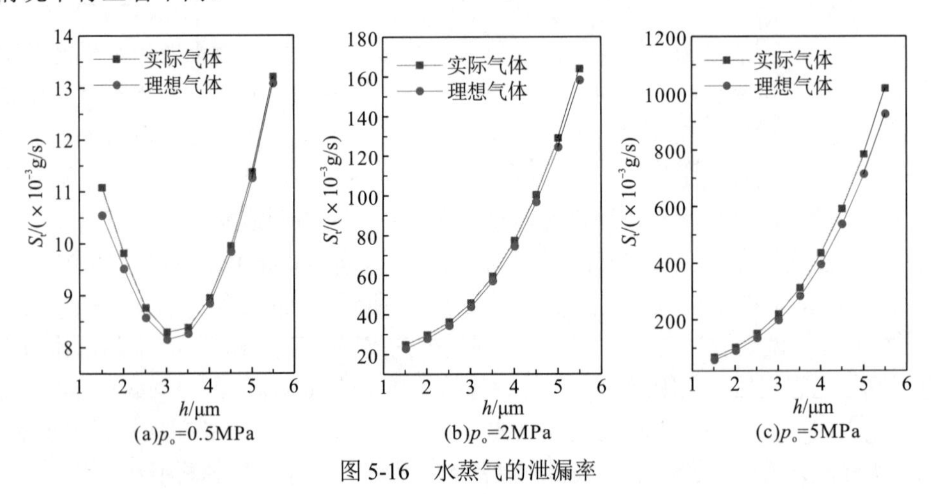

图 5-16 水蒸气的泄漏率

图 5-16(a)中，随着膜厚的增加，泄漏率先减小后增加，且在低膜厚下，实际气体与理想气体的泄漏率偏差较大。低压时所表现出的泄漏率随膜厚先减小后增大的现象可以这样解释，根据密封端面泄漏率公式(5-14)不难看出，密封端面的泄漏率 S_t 随膜厚、压差的影响而发生变化。随着膜厚 h 增加，泄漏率 S_t 随 h^3 增加，即先缓慢增加，然后迅速增加，如图 5-17(a)所示。另外，随着膜厚 h 增加，$\left(p_g^2 - p_i^2\right)$ 先迅速减小，然后缓慢减小，如图 5-17(b)所示。所以，图 5-16(a)出现了泄漏率先减小后增大的现象，而当压力较高时，膜厚 h 是影响密封端面泄漏的主要因素。因此，随着膜厚的不断增加，密封端面的泄漏率增加，直接表现为泄漏率随膜厚的增加而迅速增加，如图 5-16(b)和图 5-16(c)所示。

$$S_t = \frac{\pi h^3\left(p_g^2 - p_i^2\right)}{12\mu RT\ln\left(\frac{R_g}{R_i}\right)} \tag{5-14}$$

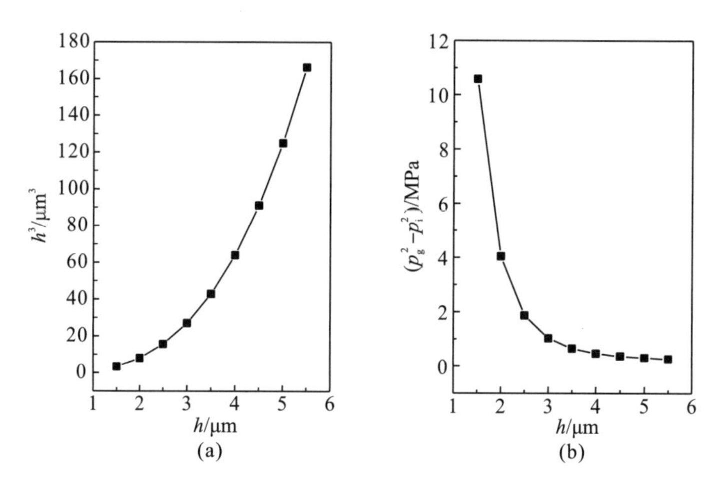

图 5-17　低压下(p_o=0.5MPa)膜厚 h 与泄漏率相关参数 h^3 及 $\left(p_g^2 - p_i^2\right)$ 的关系

5.6.4　热平衡膜厚

在干气密封的操作过程中，由于黏性剪切的作用，密封末端的气膜会产生一定的热量，并且由于从进气口到出气口的膨胀，气体会吸收一定的热量，因此定量地确定剪切热、膨胀热并研究两者的平衡关系对干气密封的设计和操作十分重要。对于采用气体润滑的螺旋槽干气密封，基于等效间隙的概念，采用端面气膜的压力控制方程分别以绝热指数计算剪切热和膨胀热，通过最小二乘拟合法得到气膜厚度的剪切热和膨胀热的表达式，进而得到热平衡时膜的厚度。

密封环的螺旋槽区、密封坝区的气膜因黏性剪切作用产生的热量[18]为

$$Q_{\mathrm{h}}=\int_{r_{\mathrm{i}}}^{r_{\mathrm{g}}}\frac{2\pi\mu_{\mathrm{o}}\omega^{2}}{h}r^{3}\mathrm{d}r+\int_{r_{\mathrm{g}}}^{r_{\mathrm{o}}}\frac{2\pi\mu_{\mathrm{o}}\omega^{2}}{h_{\mathrm{e}}}r^{3}\mathrm{d}r \tag{5-15}$$

式中，r_{i}为密封环的内半径，mm；r_{g}为槽根处的半径，mm；r_{o}为密封环的外半径，mm；μ_{o}为外径处的气体动力黏度，Pa·s；ω为密封环的旋转角速度，rad/s。

气体因膨胀而吸收热量，可设外径处的气体温度T_{o}，气体因绝热膨胀，温度降设为T_{i}，吸收的热量为

$$W=Sc_{\mathrm{p}}\left(T_{\mathrm{o}}-T_{\mathrm{i}}\right)=S_{\mathrm{t}}\frac{R_{\mathrm{c}}}{k-1}\left(T_{\mathrm{o}}-T_{\mathrm{i}}\right) \tag{5-16}$$

式中，S_{t}为干气密封气体的泄漏率，kg/s；c_{p}为气体的定压比热容，J/(kg·K)；R_{c}为气体常数，J/(kg·K)；k为气体绝热指数。假设密封端面间的气体为理想气体，流动过程视为绝热过程，所以可根据热力过程方程得

$$\frac{T_{\mathrm{i}}}{T_{\mathrm{o}}}=\left(\frac{p_{\mathrm{i}}}{p_{\mathrm{o}}}\right)^{\frac{k-1}{k}} \tag{5-17}$$

将式(5-17)代入式(5-16)，可得

$$W=S\frac{R_{\mathrm{c}}T_{\mathrm{o}}}{k-1}\left[1-\left(\frac{p_{\mathrm{i}}}{p_{\mathrm{o}}}\right)^{\frac{k-1}{k}}\right] \tag{5-18}$$

由式(5-18)可以看出，对于给定操作参数的这类干气密封，气体单纯因膨胀吸收的热量只与密封端面的泄漏率S_{t}有关。根据前面计算的密封端面泄漏率的方法进行求解，可进一步算出气体因膨胀吸收的热量W。当密封环外径处的压力p_{o}分别为0.5MPa、2MPa、5MPa时，剪切发热Q_{h}、膨胀吸热(实际气体W_1、理想气体W_2)随气膜厚度的变化关系如图5-18所示。

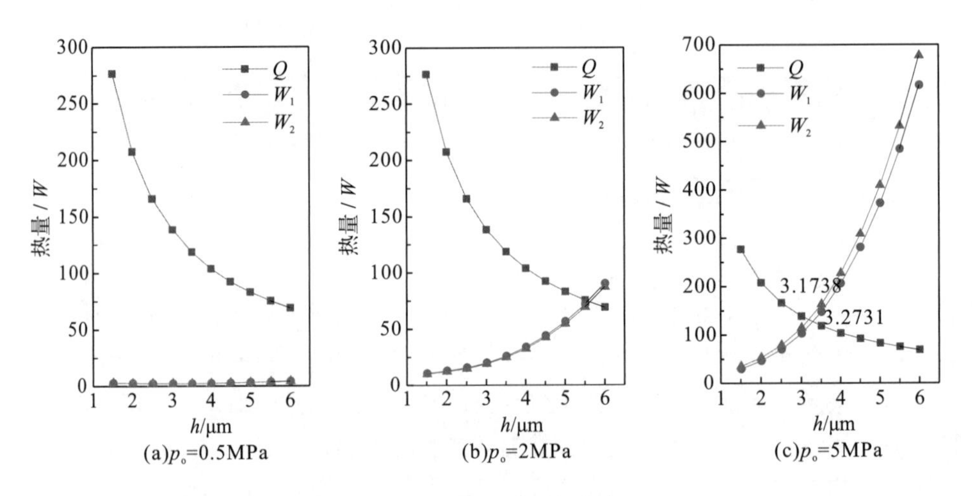

图5-18 热平衡膜厚的确定

当密封环外径处的压力为 0.5MPa 时，如图 5-18(a)所示，考虑水蒸气为理想气体，在常见的工作膜厚范围内，当剪切发热速率大于膨胀吸热速率时，此时无法达到热量平衡，也不能获得此时的热平衡膜厚。与此同时，气膜的温度是升高的。

当密封环外径处的压力为 2MPa 时，如图 5-18(b)所示，在单位时间内气膜由剪切产生的热量为 Q_h，实际气体的膨胀吸热为 W_1，理想气体的膨胀吸热为 W_2。对数据进行拟合可以得到：

$$Q_h = 3.072h^2 - 54.157h + 312.67 \tag{5-19}$$

实际气体膨胀吸热：

$$W_1 = 1.0281h^2 - 2.7675h + 13.874 \tag{5-20}$$

理想气体膨胀吸热：

$$W_2 = 0.9854h^2 - 2.5452h + 12.797 \tag{5-21}$$

分别联合式(5-19)、式(5-20)及式(5-19)、式(5-21)可以求解此时的热平衡膜厚。当考虑水蒸气为理想气体时，此时的热平衡膜厚 h_o=5.6250μm，即可达到热量平衡，密封端面的气体整体上处于一种等温的状态；当考虑水蒸气为实际气体时，此时的热平衡膜厚 h_o=5.5756μm，即可达到热量平衡，密封端面的气体整体上处于一种等温的状态。

当密封环外径处的压力为 5MPa 时，如图 5-18(c)所示。在单位时间内，黏性剪切发热量 Q_h 不随压力而变化，剪切产生的热量 Q_h 同式(5-15)，这时只需要拟合实际气体的膨胀吸热 W_1 及理想气体的膨胀吸热 W_2。

实际气体的膨胀吸热：

$$W_1 = 8.0367h^2 - 19.127h + 55.8 \tag{5-22}$$

理想气体的膨胀吸热：

$$W_2 = 7.3157h^2 - 17.171h + 48.704 \tag{5-23}$$

分别联合式(5-19)、式(5-22)及式(5-19)、式(5-23)可求解得到热平衡膜厚。当考虑水蒸气为理想气体时，此时的热平衡膜厚 h_o=3.2731μm；当考虑水蒸气为实际气体时，此时的热平衡膜厚 h_o=3.1738μm。

5.7　天然气实际气体效应的影响

近年来，国内天然气长输管线的建设速度和规模不断增大，输气站的建设也在大量进行。在天然气长输管线中的压缩机上基本配置干气密封作为其轴端密封，其主密封的工作气体即管道输送的工艺气(天然气)，该气体一般经调压、过滤后进入密封腔。一般认为，天然气不能当作理想气体[19]。实际气体与理想气体的偏离程度一般用压缩因子 Z 表达。管道输送的天然气是一种典型的混合气体，且不同产地的天然气，其组分并不相同，混合后的特性也不一致。如何根据不同组分的天然气确定其物性参数和气体行为对输送天然气离心式压缩机干气密封性能的影响是天然气管输行业要解决的技术问题。目前，描述实际气体的状态方程有很多，每一种方程都有其较为适用的气体种类、温度和压力范围等，为了便于比较分析实际气体效应对干气密封性能的影响，本节采用工程上较为常用的 Redlich-Kwong(RK)方程来表达天然气混合气的实际气体行为，选取不同压力下的天然气与理想气体和天然气中含量最高的成分——甲烷气体(实际气体和理想气体)进行对比分析。

5.7.1 混合气的实际气体状态方程

假设 $Z=x+1/3$，可以将 RK 方程[式(5-4)]改写成二次项为零且适合用卡尔丹公式直接求解的特殊型三次方程，则式(5-4)可化为

$$x^3-\left(\frac{1}{3}+\frac{p^2b^2}{R^2T^2}-\frac{ap}{R^2T^{2.5}}+\frac{bp}{RT}\right)x-\frac{2}{27}-\frac{1}{3}\left(\frac{p^2b^2}{R^2T^2}-\frac{ap}{R^2T^{2.5}}+\frac{bp}{RT}\right)-\frac{abp^2}{R^3T^{3.5}}=0 \quad (5\text{-}24)$$

令

$$M=-\left(\frac{1}{3}+\frac{p^2b^2}{R^2T^2}-\frac{ap}{R^2T^{2.5}}+\frac{bp}{RT}\right),\quad N=-\frac{2}{27}-\frac{1}{3}\left(\frac{p^2b^2}{R^2T^2}-\frac{ap}{R^2T^{2.5}}+\frac{bp}{RT}\right)-\frac{abp^2}{R^3T^{3.5}}$$

求解式(5-24)，得

$$x=\left[-\frac{N}{2}+\sqrt{\left(\frac{N}{2}\right)^2+\left(\frac{M}{3}\right)^3}\right]^{\frac{1}{3}}+\left[-\frac{N}{2}-\sqrt{\left(\frac{N}{2}\right)^2+\left(\frac{M}{3}\right)^3}\right]^{\frac{1}{3}} \quad (5\text{-}25)$$

则压缩因子的具体解析表达为

$$Z=\left[-\frac{N}{2}+\sqrt{\left(\frac{N}{2}\right)^2+\left(\frac{M}{3}\right)^3}\right]^{\frac{1}{3}}+\left[-\frac{N}{2}-\sqrt{\left(\frac{N}{2}\right)^2+\left(\frac{M}{3}\right)^3}\right]^{\frac{1}{3}}+\frac{1}{3} \quad (5\text{-}26)$$

不同于 RK 方程在单一组分气体中的应用，天然气属于混合气体，式(5-26)立方型状态方程中的参数 a 和 b 需要采用混合规则计算[20]：

$$\begin{cases} a=\sum_{i=1}^{n}\sum_{j=1}^{n}y_iy_ja_{ij} \\ b=\sum_{i=1}^{n}y_ib_i \end{cases} \quad (5\text{-}27)$$

式中，y_i、y_j 为第 i、j 种纯物质占混合物的摩尔分数；b_i 与第 i 种纯物质的临界压力 p_{ci} 和临界温度 T_{ci} 有关，$b_i=0.08664RT_{ci}/p_{ci}$；$a_{ij}$ 为交叉项，可按下式计算：

$$a_{ij} = \sqrt{a_i a_j}\left(1 - k_{ij}\right) \tag{5-28}$$

式中，k_{ij} 为第 i、j 种纯物质的二元交互作用系数，可通过查阅文献[21]获得；a_i、a_j 分别与第 i、j 种纯物质的临界压力和临界温度有关，以 a_i 为例，$a_i=0.42748R^2T_{ci}^{2.5}/p_{ci}$。

5.7.2　天然气动力黏度计算

天然气混合气体动力黏度的计算公式为[22]

$$\mu_{\rm m} = \frac{\sum_{j=1}^{n} X_j \cdot \mu_j \cdot \sqrt{M_j}}{\sum_{j=1}^{n} X_j \cdot \sqrt{M_j}} \tag{5-29}$$

式中，$\mu_{\rm m}$ 为天然气混合动力黏度，Pa·s；μ_j 为天然气组分 j 的动力黏度，Pa·s；M_j 为天然气组分 j 的摩尔质量，kg/kmol；X_j 为天然气组分 j 的摩尔分数。

5.7.3　天然气干气密封的气膜压力控制方程

将天然气混合气体压缩因子代入考虑实际气体效应的泵入式螺旋槽干气密封的气膜压力控制方程式(5-10)、式(5-11)中，将天然气混合气体动力黏度取代其中的黏度项，并代入有效黏度表达式(2-85)中，获得考虑实际气体效应的有效黏度表达，见式(5-12)，然后使其替换泵入式螺旋槽干气密封气膜压力控制方程中的动力黏度项，即可推导出同时考虑实际气体效应和黏-压变化的螺旋槽干气密封槽区、坝区的气膜压力控制方程，如式(5-30)所示。

$$\begin{cases} \dfrac{{\rm d}p}{{\rm d}r} = -\dfrac{6\mu_{\rm m}\omega g_1}{h_0^2}r + \dfrac{6\mu_{\rm m}S_{\rm t}g_2}{\pi h_1 h_0^2}\dfrac{Z_{\rm mix}RT}{p}\dfrac{1}{r}, & \text{槽区} \\ \dfrac{{\rm d}p}{{\rm d}r} = \dfrac{6\mu_{\rm m}S_{\rm t}}{\pi h_0^3}\dfrac{Z_{\rm mix}RT}{p}\dfrac{1}{r}, & \text{坝区} \end{cases} \tag{5-30}$$

5.7.4　算例及结果分析

为了具体说明天然气混合气实际气体效应对螺旋槽干气密封性能的影响，以不同组分天然气实际气体为例，分别与其对应的天然气理想气体、甲烷实际气体和甲烷理想气体进行对比，分析以上气体对螺旋槽干气密封的影响。本书案例中螺旋槽干气密封的结构参数和操作参数选用文献[17]中的参数：$r_{\rm o}$=77.8mm，$r_{\rm i}$=58.42mm，$r_{\rm g}$=69mm，α=15°，γ=1，t=0.005mm，h_0=3.05μm；操作条件：

p=0.1013MPa，密封环旋转角速度 ω=1087.08rad/s。

本书讨论的介质为天然气，普适气体常数 R_u=8.314J/(mol·K)，温度为 50℃的等温流动。根据国家标准 GB/T 17747.2—2011，选取典型的三种不同组分的天然气实际气体，如表 5-12 所示，根据各类参数数据运用式(5-29)计算得出三种天然气实际气体的黏度分别为 1.1059×10^{-5} Pa·s、1.0873×10^{-5} Pa·s、1.0653×10^{-5} Pa·s。计算基准是温度 50℃，压力 1.013×10^{5} Pa。

为了更好地表达实际气体的混合气体效应对螺旋槽干气密封的影响，定义以下相对误差：

E_1=[(天然气理想气体结果-天然气实际气体结果)/天然气实际气体结果]×100%

E_2=[(甲烷理想气体结果-甲烷实际气体结果)/甲烷实际气体结果]×100%

E_3=[(甲烷实际气体结果-天然气实际气体结果)/天然气实际气体结果]×100%

计算不同气膜厚度下各类气体所对应的密封性能，并将计算结果绘制成曲线，如图 5-19～图 5-22 所示。为了进一步说明其相对误差的情况，选取针对天然气实际气体组分 3(气样 3)，具体给出了各相对误差 E_1、E_2、E_3 值，如表 5-12～表 5-15 所示。

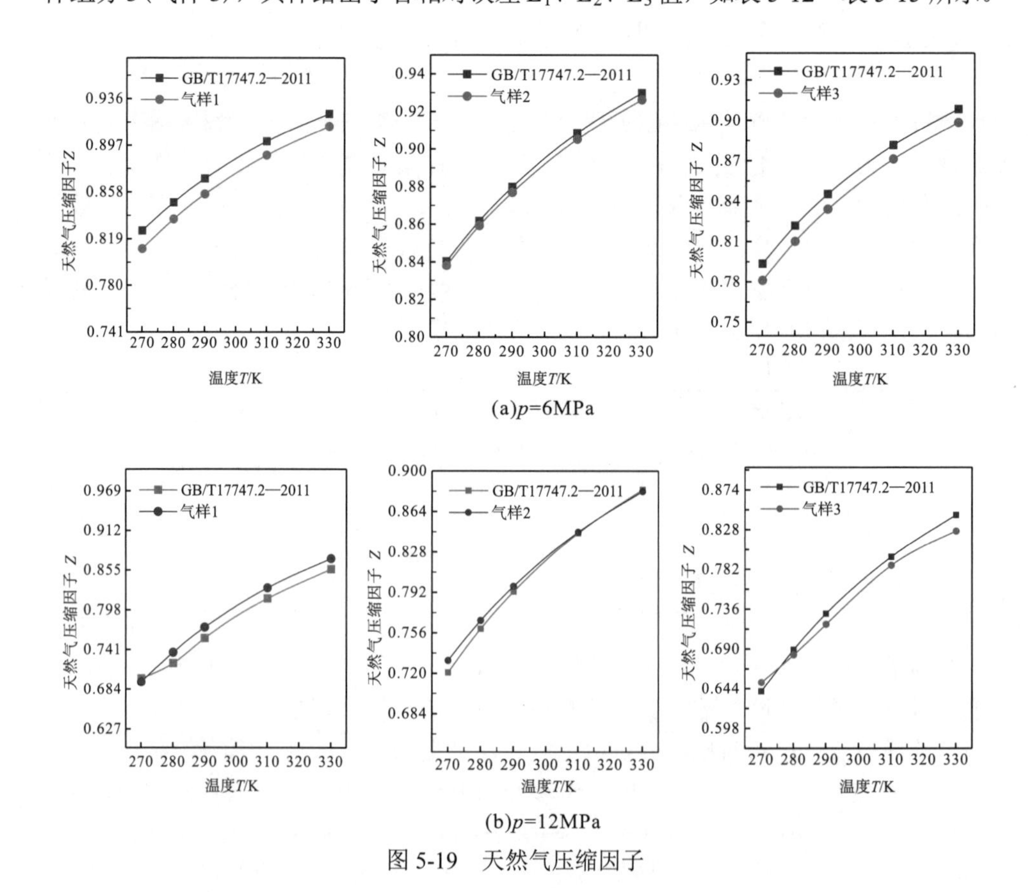

图 5-19 天然气压缩因子

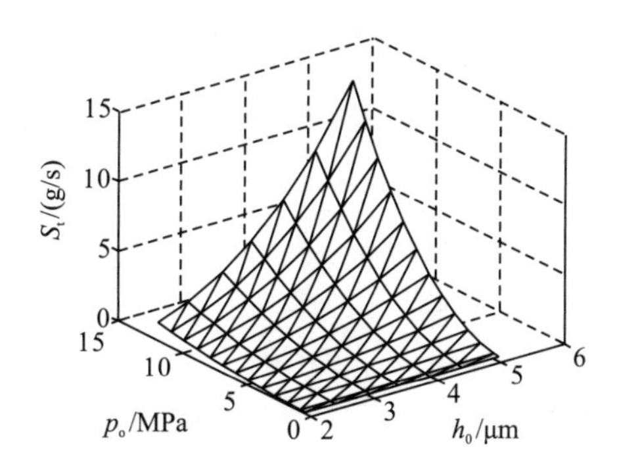

图 5-20 气样 3 的质量泄漏率曲面图

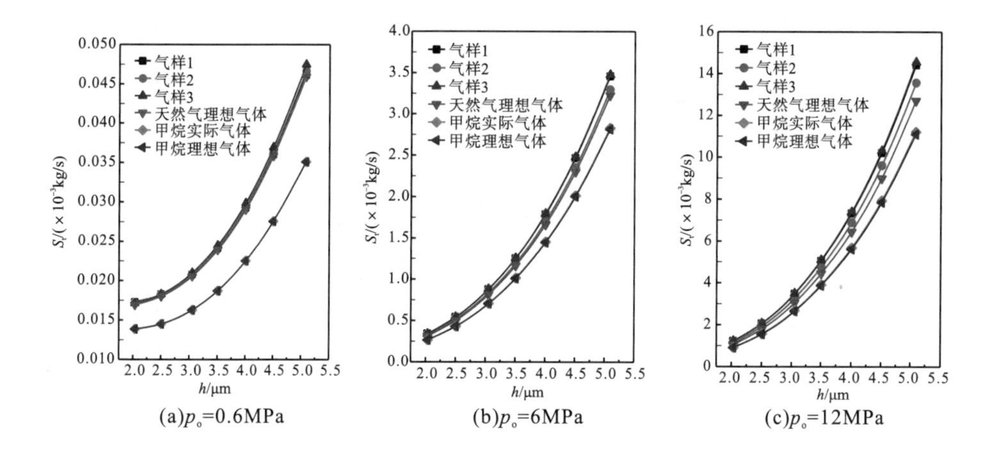

图 5-21 不同气膜厚的泄漏率

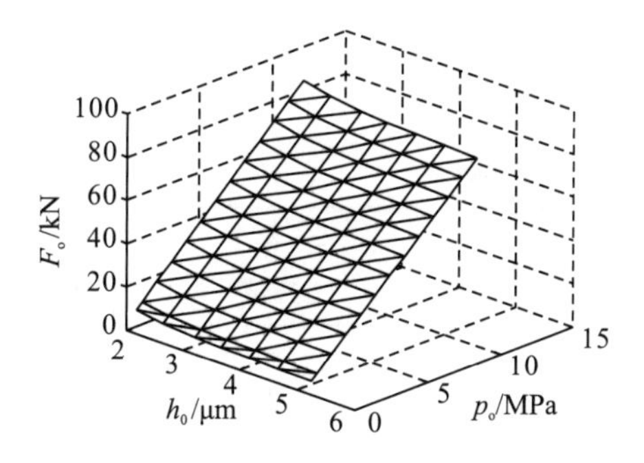

图 5-22 气样 3 的端面开启力曲面图

表 5-12 天然气气样组分及参数[23]

组分	气样 1 摩尔分数	气样 2 摩尔分数	气样 3 摩尔分数	偏心因子 ε	临界温度 T_c/K	临界压力 p_c/MPa	摩尔质量 /(kg/kmol)	N_G(50℃)/ ($\times10^{-7}$ Pa·s)
CH_4	0.812	0.965	0.859	0.011	190.69	4.604	16.043	109.141
C_2H_6	0.043	0.018	0.085	0.099	305.38	4.880	30.070	92.462
C_3H_8	0.009	0.0048	0.023	0.152	369.89	4.250	44.097	81.462
I- C_4H_{10}	0.0015	0.001	0.0035	0.177	408.14	3.640	58.123	73.706
N- C_4H_{10}	0.0015	0.001	0.0035	0.199	428.18	3.797	58.123	74.080
I- C_5H_{12}	0	0.0005	0.0005	0.226	460.37	3.369	72.150	73.590
N- C_5H_{12}	0	0.0003	0.0005	0.252	469.49	3.369	72.150	71.800
C_6H_{14}	0	0.0007	0	0.305	507.43	3.01	100.204	65.340
CO_2	0.076	0.006	0.015	0.228	304.19	7.380	44.010	173.362
N_2	0.057	0.003	0.010	0.040	126.10	3.400	28.014	74.080

注：N_G(50℃)为温度 50℃时的气体动力黏度。

表 5-13 气样 3 的泄漏率相对误差

p_o/MPa	E_1/%	E_2/%	E_3/%
0.6	−1.3731	−0.1435	−17.3971
6	−7.2524	−0.6783	−19.4653
12	−13.0437	−1.3142	−24.5327

表 5-14 气样 3 的端面开启力相对误差

p_o/MPa	E_1/%	E_2/%	E_3/%
0.6	−0.1288	−0.0134	−3.4319
6	−0.7152	−0.0695	−0.8165
12	−0.9366	−0.0903	−1.1034

表 5-15 气样 3 的气膜刚度相对误差

p_o/MPa	E_1/%	E_2/%	E_3/%
0.6	−0.4865	−0.0089	−7.6766
6	−0.3699	−0.0290	−6.0749
12	−0.4771	−0.0172	−4.1728

在高压下，实际混合气体的行为明显不同于理想气体，压缩因子 Z 不等于 1。本节选取 p=6MPa、12MPa，用 RK 方程计算压缩因子 Z，并分别与相对应气样压缩因子(见国标 GB/T 17747.2—2011)进行对比，对比结果如图 5-19 所示。三种气样的最大误差分别为 2.03%、1.44%、2.26%，平均误差分别为 1.45%、0.45%、1.12%。从图中可以看出，由 RK 方程计算天然气的压缩因子 Z 是可行的。

在不同压力和气膜厚度下气样 3 的泄漏率如图 5-20 所示，各种气体在不同气膜厚度下的泄漏率如图 5-21 所示。从图中可以看出，气样 3 的泄漏率随压力和膜厚的增大而显著增大，不同气体组分的泄漏率有明显差异，甲烷理想气体的泄漏率最小。天然气理想气体的泄漏率低于天然气实际气体。

表 5-13 给出了气样 3(相对误差最大)在膜厚为 3.05μm 时的各个相对误差。从表中可以看出，泄漏率的相对误差 E_1、E_2 和 E_3 均小于零，说明实际气体的泄漏率大于其对应的理想气体，即实际气体效应使气体的质量泄漏率增大。这可以从压缩因子 Z<1 进行解释，三种组分的天然气压缩因子 Z 均小于 1，表明天然气实际气体比理想气体更易压缩，在相同压力的作用下，比理想气体具有更小的体积。这样，通过同样的密封通道(间隙)时，就需要更多质量的气体，宏观表现为标准状态下气体质量泄漏率 S_t 升高。

从表 5-13 可以看出，随着外压 p_o 的增加，实际气体效应是增强的，表现为相对误差增加。同时，也可以看出天然气实际气体效应(E_1、E_3)远大于甲烷气体的实际气体效应(E_2)。虽然天然气的大部分组分是甲烷气体，但天然气实际气体和甲烷实际气体泄漏率相对误差的平均值为−20.47%，相差较大。

在不同压力和气膜厚度下气样 3 的端面开启力如图 5-22 所示。各种气体在不同气膜厚度下的端面开启力如图 5-23 所示。从图中可以看出，气样 3 的端面开启力随压力的增大而增大，各种气体的端面开启力随气膜厚度的增大而减小。在相同压力下，天然气实际气体的开启力大于天然气理想气体，大于甲烷实际气体及其理想气体。各种气体的端面开启力随压力的升高而逐渐增大。三种组分的天然气实际气体在开启力方面的差距不是很大，曲线基本重叠。

表 5-14 给出了气样 3 在膜厚为 3.05μm 时的各个相对误差。从表中可以看出，端面开启力的相对误差 E_1、E_2 和 E_3 均小于零，说明实际气体的端面开启力大于其对应的理想气体。

实际气体与理想气体开启力的相对误差(E_1、E_2)逐渐增高，但效果并不明显。天然气与其对应理想气体的相对误差最大值为−0.9366%，甲烷实际气体与甲烷理想气体的相对误差最大值为−0.0903%，几乎可以忽略。但天然气实际气体与甲烷实际气体在开启力方面的相对误差(E_3)的最大值达到−3.4319%，是不可以忽略的。由此可以看出，天然气实际气体的开启力与甲烷实际气体之间有较大的偏差。

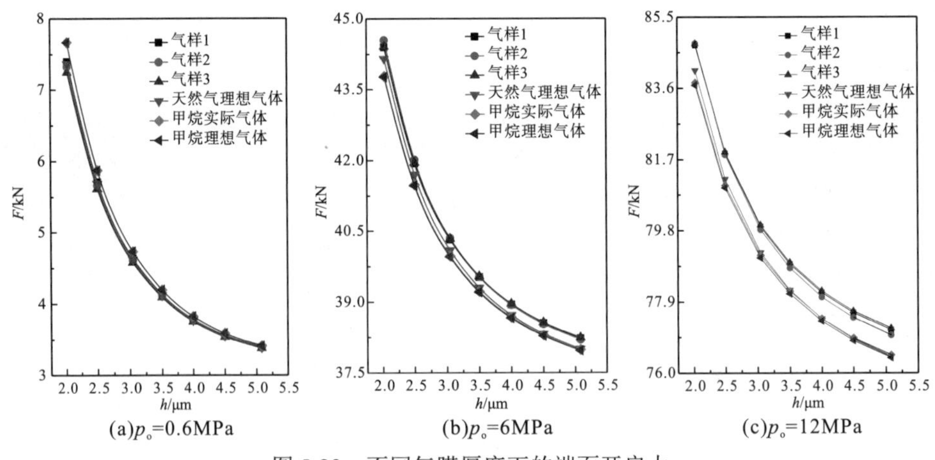

图 5-23 不同气膜厚度下的端面开启力

在不同压力和气膜厚度下气样 3 的气膜刚度如图 5-24 所示。各种气体在不同气膜厚度下的气膜刚度如图 5-25 所示，从图中可以看出，各种气体的气膜刚度随气膜厚度的增大而减小。天然气实际气体的气膜刚度与天然气理想气体的气膜刚度随压力的增大而增大。在相同条件下，天然气实际气体的气膜刚度大于天然气理想气体的气膜刚度，大于甲烷实际气体及其理想气体的气膜刚度。表 5-15 给出了气样 3 在膜厚 3.05μm 时的各相对误差。从表 5-14 中的 E_1 可以看出，天然气实际气体的气膜刚度与天然气理想气体的气膜刚度的差距不大，平均相对误差为-0.445%。

由 E_2 可以看出，甲烷实际气体的气膜刚度与甲烷理想气体的气膜刚度的差距较小，平均相对误差为-0.0184%，可以忽略。由 E_3 可以看出，天然气实际气体的气膜刚度与甲烷实际气体的气膜刚度的差距较大，最大相对误差达到-7.6766%。气膜刚度的相对误差 E_1、E_2、E_3 均小于零，说明实际气体效应使气膜刚度增大。

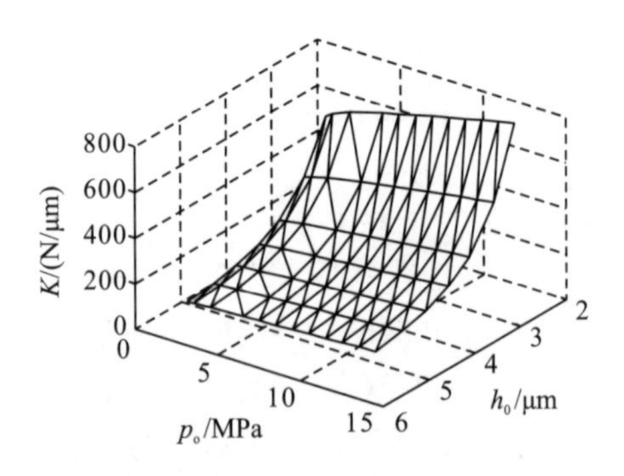

图 5-24 气样 3 的气膜刚度曲面图

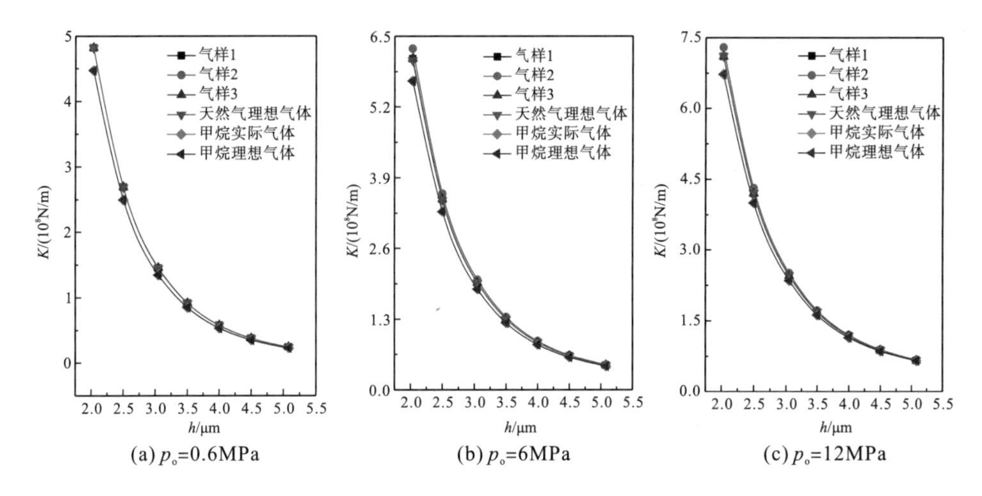

(a) p_o=0.6MPa　(b) p_o=6MPa　(c) p_o=12MPa

图 5-25　不同压力不同膜厚气膜刚度

参 考 文 献

[1] Song P. The effect of real gas on the performance of the spiral groove dry gas seal[C] //21st International Conference on Fluid Sealing, Milton Keynes, UK, 2011.

[2] 许恒杰，宋鹏云. 实际气体效应影响干气密封性能的研究进展[J]. 流体机械, 2019, 47(1): 36-42.

[3] 毕明树，冯殿义，马连湘. 工程热力学[M]. 北京: 化学工业出版社, 2008.

[4] 傅献彩. 物理化学[M]. 北京: 高等教育出版社, 2005.

[5] Redlich O, Kwong J N S. On the thermodynamics of solutions. V. An equation of state. Fugacities of gaseous solutions[J]. Chemical Reviews, 1949, 44(1): 233-244.

[6] Soave G. Equilibrium constants from a modified Redlich-Kwong equation of state[J]. Chemical Engineering Science, 1972, 27(6): 1197-1203.

[7] Poling B E, Prausnitz J M, O′connell J P. The properties of gases and liquids[M]. New York: Mcgraw-hill, 2001.

[8] Pitzer K S. The volumetric and thermodynamic properties of fluids. I. Theoretical basis and virial coefficients1[J]. Journal of the American Chemical Society, 1955, 77(13): 3427-3433.

[9] Orbey H, Vera J H. Correlation for the third virial coefficient using T_c, P_c and ω as parameters[J]. AIChE Journal, 1983, 29(1): 107-113.

[10] Chen H, Zheng J, Xu P, et al. Study on real-gas equations of high pressure hydrogen[J]. International Journal of Hydrogen Energy, 2010, 35(7): 3100-3104.

[11] 瓦格纳 W，克鲁泽 A. 水和蒸汽的性质[M]. 北京: 科学出版社, 2003.

[12] 约斯·卡尔 L. Matheson 气体数据手册[M]. 北京: 化学工业出版社, 2003.

[13] Ruan B. Finite element analysis of the spiral groove gas face at the low speed and the low pressure condition-slip flow consideration[J]. Tribology Transactions, 2000, 43(3): 411-418.

[14] 黄平, 温诗铸. 摩擦学原理[M]. 北京: 清华大学出版社, 2008.

[15] 宋鹏云，张帅，许恒杰. 同时考虑实际气体效应和滑移流效应螺旋槽干气密封性能分析[J]. 化工学报, 2016, 67(4): 1405-1415.

[16] 范瑜，宋鹏云. 水蒸气润滑螺旋槽干气密封性能分析[J]. 润滑与密封, 2019, 44(7): 27-34.

[17] Gabriel R P. Fundamentals of spiral groove noncontacting face seals[J]. Lubrication Engineering, 1994, 50(3): 215-224.

[18] 产文，宋鹏云. 螺旋槽干气密封的热量平衡膜厚研究[J]. 润滑与密封, 2015, (4): 5-8,13.

[19] 孙雪剑，宋鹏云. 输送天然气离心式压缩机干气密封性能分析[J]. 排灌机械工程学报, 2018, 36(1): 55-62,76.

[20] 顾燕飞, 陈钟秀, 胡望月. 化工热力学[M]. 北京: 化学工业出版社, 2011.

[21] 李玉星，姚光镇. 输气管道设计与管理[M]. 东营: 中国石油大学出版社, 2012.

[22] 王建中，孙维清. 流量测量节流装置设计手册[M]. 北京: 化学工业出版社, 2000.

[23] NIST Chemistry WebBook, http://webbook.nist.gov/.